KB017721

독소와 바이러스 습격의 시대를 이겨내는 방법

면역력 강화, 발효유산균음료를 마셔라!

독소와 바이러스 습격의 시대를 이겨내는 방법

면역력 강화, 발효유산균음료를 마셔라!

POWER!

서경련

변비, 바이러스, 아토피, 고혈압, 당뇨의 키워드!
세계가 환호하는 발효 트렌드, 쌀누룩

이보다 명쾌하고 재미있는 해독과 발효 이야기는 없다.

국내 최초나 다름없는
발효유산균음료 대중 도서!

파워 면역력, 발효유산균음료가 만든다

지금은 바이러스 폭풍의 시대

최근 코로나바이러스 감염증-19(COVID-19) 사태로 면역력에 대한 관심이 부쩍 높아지고 있다. 바이러스가 우한을 삼키고도 모자라 대구를 거쳐 내가 있는 부산까지 전파되는 것으로 보아 위력이 세긴 센가 보다. 거리는 조용하고 슈퍼마다 생필품이 동나고 있다. 유사시를 대비한 비상식량이겠지만 바이러스가 생존을 위협하는 것을 알 수 있다. 마스크와 손 소독제는 아예 구매하기 힘들게 되었다. 이 같은 상황이 되다 보니 바이러스에 대한 경각심을 가지지 않을 수 없다.

바이러스는 핵산과 단백질이 주요 성분으로 동물, 식물, 세균처럼 살아 있는 세포에 기생하고 세포 내에서만 증식하는 생물이다. 생명체라기보다 한낱 단백질 덩어리에 불과한 것이 몹쓸 병원체가 되어 지구적 차원의 공포를 불러일으키고 있다. 그리스, 페르시아, 인도에 이르기까지 대제국을 건설한 알렉산더 대왕도 하찮은 모기로 매개되는 말라리아로 죽었다는 설이 있다. 바이러스의 시각에서 보면 인간의 생명은 가벼운 깃털처럼 우스울 수 있다. 인간이 바이러스에 지배당하지 않는다고 볼 수 없다.

"지금처럼 살다가 어느 날 당신보다 뛰어난 능력을 가진 인공지능에 대체될 것인가? 아니면 지금부터 '인공지능에 대체되지 않는 나'를 만들어 나갈 것인가? 나는 당신이 후자를 선택하길 바란다. 미래에 당신은 물론이고 당신에게 참 소중한 사람들을 지킬 수 있는 강한 존재가 되길 바란다."

이지성 작가는 『에이트』에서 인공지능이 인간의 지적인 능력을 대체할 시기가 올 것을 대비하여 인공지능에 대체되지 않을 준비를 해야 한다고 강조한다. 같은 맥락으로 인간의 생사가 바이러스에 의해 좌지우지된다고 생각하면, 지금 당장 바이러스로부터 건강이 침해당하지 않을 강구를 해야 한다. 적어도 인공지능은 인간의 목숨을 앗아가지는 않을 테니 말이다.

돼지독감, 조류인플루엔자에 이어 치사율이 더해진 사스와 메르스 등 신종 바이러스가 계속 생겨나고 있다. 메르스가 2015년에 발생한 것으로 보아, 바이러스는 한층 더 강한 변종이 되어 4~5년 주기로 다시 올 가능성이 짙다. 코로나바이러스만 해도 인간을 속수무책으로 만들고 있지 않은가?

바이러스와 싸워 이길 힘이 절실하게 필요한 때이다. '그 힘이 무엇인가?' 바로 면역력이다. 바이러스는 면역력이 약해진 틈을 타서 침투한다. 또한 면역력이 약해지면 바이러스에 감염됐을 때 싸워 이겨내는 힘도 현저히 떨어진다. 노약자나 만성질환에 시달리는 사람들이 바이러스 감염을 더 조심해야 하는 이유이다. 면역력을 강화하는 것이 모든 질병으로부터 자신을 지키는 유일한 수단이다.

면역력과 장, 그 불가분의 관계

면역력을 기르는 방법으로 요즈음 특히 강조되는 것은 장 건강이다. 장에는 면역력을 좌우하는 면역세포의 70% 이상이 존재한다. 장내 면역세포의 기능이 활발하면 각종 세균이나 바이러스를 효과적으로 물리치는 힘이 강해진다. 장은 이런 이유로 가장 중요한 면역기관이다. 인간의 장에서는 음식물의 소화와 영양소 흡수, 배설이 이루어지고 있다. 장이 건강해야 소화에서 배설까지 일련의 생명활동 시스템이 활발하게 작동한다.

장이 건강하기 위해서는 장내 세균총(미생물의 총비율)이 유익균 85%, 유해균 15%의 구성비로 유지될 때 가장 이상적이라고 한다. 하지만 잘못된 식습관과 생활환경으로 인해 현대인들의 장 속에는 유해균이 증식하고 있다. 유해균이야말로 건강의 핵심 키워드인 효소의 활동을 방해하며 독소 생성의 주범이다. 모든 질병은 독소로부터 시작된다. 질병으로부터 건강을 지키기 위해서 무엇보다 장 건강이 절실하다. 장내 환경을 깨끗이(장청소, 즉 클렌즈) 하고 유익한 미생물을 늘려 주어야 면역력도 높아진다.

장내 유익한 미생물을 채워주고 활성화해주는 음식은 채소와 과일, 발효식품이다. 이는 식품의약품안전처가 장 건강법으로 '유산균을 다량 함유한 김치, 된장 등 발효식품과 채소를 많이 섭취해 유익균 비율을 높이는 것'이라고 지적한 것을 보아도 알 수 있다. 발효식품에는 수많은 유익균이 포함되어있다. 장내 유익균의 증식을 도와주는 일이 곧 발효식품을 섭취하는 일이다. 이런 관점에서 발효식품의 중요성이 더욱 부각되는 시기이다.

그들은 왜 쌀누룩에 관심을 가지는 걸까

"선생님 아기의 아토피가 심해요. 아기 때문에 섬으로 이사했어요."

"아기가 먹을 수 있는 음식이 채 10가지도 되지 않아요."

"아기가 마음 놓고 먹을 수 있는 음료가 쌀누룩요거트예요. 쌀누룩요거트를 하루에 500㎖ 한 병은 거뜬히 마셔요."

"구매해서 먹이려니 돈이 너무 들어요."

"쌀누룩을 구매해서 쌀누룩요거트를 만드는데요, 과연 옳은 방법인지 모르겠어요. 누룩의 균이 살아있을지 의문이에요. 온도가 생각보다 많이 올라가요."

"가장 큰 문제는 쌀누룩이에요. 쌀누룩을 아무리 만들려고 해도 만들 수 없어요. 쌀누룩이 있어야 쌀누룩요거트를 만들 수 있을 텐데요."

"쌀누룩을 제대로 만들고 싶어요."

그녀는 쌀누룩 제조법과 쌀누룩요거트의 저온발효법을 가르쳐 달라고 수개월 동안 나를 졸랐다. '아기의 아토피가 얼마나 심하면 그럴까?' 나 역시 아토피라고 하면 진저리가 나는 사람이다. 내 딸아이도 유년기를 거의 밤마다 긁어대느라 잠을 이루지 못하고 컸으니. 그녀의 바람으로 나는 건강카페, 과일카페, 누룩공방카페 창업지도에다 아토피 치유과정이라는 또 하나의 커리큘럼을 추가하게 되었다. 이유는 쌀누룩 때문이다.

"아직 40대인데 당 수치가 너무 높아요. 이것저것 좋다는 방법을 모두 동원해 봤는데 뾰족한 수가 없어요. 그렇다고 언제까지 약에 의존할 수도 없고요. 디톡스를 하고 발효음식을 만들어서 꾸준히 먹어 보려고요. 뭐니 뭐니 해도 발효가 답인 것 같아요. 발효음식을 마음껏 만들어 먹고 싶어요."

"발효 음식으로 꾸준히 관리해 보려고요. 사실은 불임문제로 너무 힘들어요. 답이 없는지 모르겠어요."

"아무리 해도 간 수치가 떨어지지 않아요. 쌀누룩이 해독에 좋다는 이야기를 들었어요. 디톡스 차원에서 제대로 배워서 만들어 먹고 싶어요."

"일본에서 판매되는 제품은 너무 달아요. 달아서 넘길 수가 없어요. 순수하게 발효한 맛이 정말 그런 맛일까요? 한국에서는 어떻게 만드는지 배우고 싶었어요."

쌀누룩의 종주국인 일본에서 배우러 오셨던 분의 말이다.

위의 사례들은 나를 찾아오는 분들이 의자에 앉자마자 조심스럽게 꺼내놓은 골칫거리들이다. 이 질문들을 의미 있게 살펴보면, 건강에 대한 결정적인 해결책은 장 건강과 발효식품이 갖고 있다는 것이다. 물론 이분들은 자신의 건강에 대해 의사 못지않은 해박한 지식을 가지고 있으며, 치유법에 대해 나름대로 결론을 내린 분들이다. 이런 견지에서 발효식품을 제대로 알고 배우고자 하는 것이다. 특히 쌀누룩 때문에 의사도 아닌 나를 찾아오셔서 자신의 병적 고민을 털어놓는다. 건강의 핵심은 장에 있다. 장을 건강하게 유지하려면 장 청소는 필수 의무이며 장에 유산균이 가득하게 만들어 주어야 한다. 유산균은 캡슐이나 알약보다 음식으로 보충해야 한다는 강한 의지가 있는 분들이라면 "음식으로 고치지 못하는 병은 약으로도 못 고친다."고 한 히포크라테스의 의견에 동의할 것이다. 발효 음식에는 유산균이 가득하다. 이 때문에 나는 장 청소를 위한 클렌즈와 발효음식은 함께해야 한다고 주장한다. 특히 요즈음 세계적으로 관심이 집중되고 있는 쌀누룩을 소금이나 젓갈 등 조미용으로 용도를 한정시킬 것이 아니라, 해독용 음료로 적극 활용해야 함을 호소한다.

우리 모두의 염원인 건강을 위해서 쌀누룩을 활용한 발효음식을 생활 속에서 마음껏 만들어 먹을 수 있기를 바라는 마음이 크다. 그래서 나는 쌀누룩을 디톡스의 관점에서 바라보며 앞서 제시한 질문들에 답하고 몇몇 수수께끼 같은 문제점을 풀어내겠다는 의무감을 가지게 되었다. '유산균과 젖산균은 어떻게 다른지?' '왜 발효 음식을 먹어야 하는지?' '왜 하필 쌀누룩요거트가 아토피 아기들에게 인기 있는지?' '왜 쌀누룩요거트는 지나치게 단맛인지?' '막걸리의 신맛은 이해되지만 왜 쌀누룩요거트의 신맛과 누룩취는 용납되지 않는 걸까?' '왜 하필 귀리의 발효를 강조하는지?' '시큼한 맛이 나는 쌀누룩요거트는 무엇이 문제인가?' '발효의 맛에 대한 잘못된 선입견이 불러올 결과는 무엇인지?' '왜 쌀누룩의 종균은 일본에서도 보물처럼 여기는 것일까?' '쌀누룩의 종균을 구하기 어렵다면 어떻게 해결해야 하는 걸까?'

쌀누룩에 대한 관심은 유럽과 미국보다 우리가 늦은 편이다. 나는 쌀누룩에 관한 자세한 정보를 외국의 요리책에서 얻었다. 그들은 이미 쌀누룩을 디저트에까지 활용하고 있는 수준이다. 발효에서 활용성을 생각하면 쌀누룩은 놀라운 아이템이다. 다행스럽게 우리나라에서도 건강에 대한 기대감으로 쌀누룩에 관한 관심이 태풍처럼 불어오기 시작하였다. 얼마나 많은 분들이 관심을 갖는지 하루가 다르다는 것을 느낀다. 이런 시점에서 쌀누룩에 대해 풀어야 할 문제나 알고 싶어 하는 내용이 많지만 속 시원하게 답해줄 그 어떤 자료나 책이 없다는 현실이 아쉽다. 자칫 잘못 습득한 정보로 인하여 쌀누룩과 발효의 본질적인 원리를 왜곡하는 일은 없을지, 발효의 참맛에 대한 오해도 염려되는 현실이다. 간략하게나마 이 책을 통해서 답을 찾을 수 있기를 바란다.

발효식품이 건강에 좋다는 것은 누구나 인지하고 있다. 하나 발효는 까다롭고 배우기 어려우며 시간을 낭비하는 일이라는 인식이 강하다. 건강을 생각하면 편견으로 멀어진 발효를 생활화할 수 있는 길을 열어야겠다는 것 또한 나의 생각이다. 옛날 우리네 할머니들의 부뚜막엔 초두루미(식초 발효하던 항아리)가 있었고 처치하기 곤란할 정도로 씨앗 초를 넉넉히 키우며 살았다. 그러나 지금의 우리는 발효와 너무나 거리가 멀어져 있으며, 발효는 어렵고 까다로운 음식 분야로 낙인 찍혀 있는 사실이 안타깝다. 건강이 화두인 시대를 살고 있는 현대인이야말로 자신의 손으로 뚝딱 막걸리를 만들어 마시고 식초도 발효하고 쌀누룩으로 건강에 좋은 음식을 만들어 먹을 수 있어야 한다. 집집이 주방에서 쉽게 막걸리와 식초, 콤부(콤부차)를 발효하고 쌀누룩을 활용한 발효음료를 만들어서 아침마다 한 잔씩 마시기를 간절히 희망한다. 이것이 발효를 생활화하는 길이다.

발효는 과학이다. 핵심 원리만 이해하면 아주 쉽게 접근할 수 있는 영역이다. 나는 발효를 공부한 지 그리 오래되지 않으며 경험도 부족하다. 그럼에도 발효의 고수들조차 나에게 배우러 오는 것만 보아도 명백한 증거이다. 발효를 쉽게 배울 수 있으며 다양하게 활용할 수 있는 발효제가 쌀누룩이다. 발효의 생활화 측면에서도 쌀누룩의 역할을 기대해 본다.

식초는 술이 있어야 발효가 가능하다. 우리의 술은 주재료가 곡식이고, 곡식이 술이 되려면 누룩이 필요하다. 누룩이 곡식의 전분을 당으로 분해해야 효모가 당을 먹고 알코올을 생산한다. 따라서 누룩은 곰팡이이지만 효소이기도 하다. 디톡스를 연구한 나는 효소를 가장 중요시한다. '효소의 역할이 무엇인가?' 다른 이론은 제쳐놓고라도 효소는 우리 몸의 노폐물을 분해하는 가위 역할을 한다. 그런데 술을 담글 때보다 쌀누룩발효음료(쌀누룩요거트)를 만들 때 누룩의 양(물론 누룩의 종류가 다르지만)이 훨씬 많이 들어간다. 해독의 관점으로 바라보니 효소로서 쌀누룩의 가치는 거대했다.

때마침 쌀누룩으로 만드는 발효음식이 세계적으로 바람이 불고 있는 가운데 일본에서는 쌀누룩발효음료가 건강식품 분야 판매율 1위라고 한다. 직접 일본에 가서 살펴보니, 우리의 막걸리처럼 슈퍼마다 아예 한 코너를 차지하고 있다. 우리나라에서도 쌀누룩에 대한 관심이 하루가 다르게 커지고 있다. 그러나 아직은 쌀누룩과 쌀누룩발효음료에 대한 연구가 부족한 실정이며 많은 문제점도 있으나 이를 극복하지 못하고 있다. 이런 시점에서 그동안 내가 연구해 온 결과를 바탕으로 쌀누룩에 대한 이해를 돕고자 하며 또한 쌀누룩을 활용한 발효음료로 우리 모두의 건강을 챙길 수 있기를 바라는 마음이다.

독소가 만연한 세상에 사는 현대인들은 너도나도 할 것 없이 만성질환에 시달리며 살아간다. 꼼짝달싹하지 못하고 요양병원에 누워 지내야 할 우리의 노후가 걱정된다. 독소가 만병의 근원이라면 해독에 대한 경각심도 가져야 할 것이다. '독소를 배출할 수 있는 가장 좋은 음식이 무엇인가?'를 생각해 보면, 나는 뜨거운 심정으로 발효를 강조하지 않을 수 없다. 발효음식을 즐겨 먹고 발효를 생활화한다면 우리의 건강은 독소에 의해 지배당하지 않을 것이다. 마침 아토피 아기가 마음 놓고 마실 수 있는 음료가 있으니, 쌀누룩으로 발효한 음료이다. 쌀누룩을 배워 가면서 눈물을 글썽이던 아토피 아기 엄마의 모습이 생각난다. 내가 이 글을 쓰는 이유도 어쩌면 그 아기 엄마의 기억이 생생해서인지 모르겠다.

코로나바이러스 사태 이후 면역체계를 강화하는 방법으로 발효식품이 주목받고 있다. '유산균이 많이 들어있는 발효 음식을 먹으면 체내에 축적되어 있는 바이러스를 억제한다.'고 의약자들도 주장한다. 쌀누룩 발효에서 얻은 유산균의 효력으로 닥쳐올 신종 바이러스 사태를 대비할 수 있기를 바라며 식초, 콤부차, 막걸리에 이어 쌀누룩발효음료를 드셔보길 권한다. 참고로 이 책은 10여 년에 걸친 해독 공부와 스스로 치유해 온 경험을 바탕으로 보편적 견지에서 집필하였다.

2016년 2월 28일 명예퇴직하고

2020년 2월 28일 두 번째 책을 쓰다

서경련

LIST

1장 | 미생물이 만드는 특별한 힘

2장 | 건강, 발효, 채식, 효소는 연결고리

3장 | 아토피 아이들 희소식, 쌀누룩발효음료

4장 | 쌀누룩을 알고 나니 풀리는 것들

5장 | 몸이 되살아나는 장 건강과 쌀누룩발효음료 클렌즈

1장

미생물이 만드는 특별한 힘

1.
나의 길 발효,
인생의 어느 순간에도
성장할 수 있다

한 통의 이메일을 받았다. 이 메일은 싱가포르에서 날아왔는데 사연인즉 이렇다.

"안녕하세요. 우연히 선생님을 알게 되었습니다. 6살 아이가 아토피와 비염, 알레르기가 있고 저는 자가 면역질환이 있으며 얼마 전 자궁 난소 쪽 시술을 받고 앞으로 어찌해야 하나 고민하고 있었습니다. 아들도 저를 닮아 가는 중이고요. 저는 변비도 심한데 막걸리를 먹으면 좀 낫더군요. 싱가포르에 거주 중인데 얼마 전 키트를 공수해서 집에서 담가 먹어봤습니다. 맛은 나쁘지 않지만 술이라서 아이에겐 먹일 수 없어 많이 아쉬웠는데 쌀누룩요거트가 있다는 걸 알게 되었어요. 막걸리와 쌀누룩요거트 등 발효음료를 배우면 참 좋을 거 같은데 어찌해야 할까요?"

요즈음 자가 면역성 질환이나 알레르기성 피부염과 아토피, 심지어 고혈압, 당뇨 등 만성질환으로 고생하는 분들도 내가 개발한 발효음료 디톡스 과정을 수강하고자 대기 예약하는 이상한 일이 벌어지고 있다. '내가 의사인가?' 그럼에도 많은 분들이 나를 찾는 걸 보면, 필시 쌀누룩의 효능이 널리 알려지고 있다는 증거이다. 더불어 나는 이 분야의 남다른 기술 보유자로 알려졌다. 강의가 빠른 시간 내에 마감되며 예약대기 하는 분들이 늘어나고 있다. 최근엔 서울시 협력기관의 초청을 받아 '쌀누룩으로 하는 발효음료 클렌즈'라는 주제로 강연을 하였는데 신청자가 많아 재강의도 요청해 왔다. 그런데 이 귀한 요청 앞에서 나는 조금도 망설임 없이 "도저히 해드릴 수가 없어요."라고 했으니, 어쩌다가 내가 이렇듯 어깨에 힘을 주는 거만스런 강사가 되었는지 모르겠다. 한때는 전화통을 붙들고 혹시 나를 찾아주는 이가 없을까? 하며 절박함으로 목을 매던 내가 말이다.

퇴직하고 벌써 4년 차이다. 지금의 이런 현실이 내 인생에 펼쳐지리라고는 온갖 상상력을 동원해도 해명되지 않는다. "우연은 없다. 오로지 필연만 있을 뿐."이라고 한 니체의 말처럼, 내가 알지 못하는 비밀 같은 필연이 있지 않고선 불가한 일이다. 내 앞에 나타난 이런 결과는 대체 어디에서 비롯된 것인지? 나는 지난 몇 년간의 일들을 추적하여 이 불가피한 결과의 원인을 찾아본다. 내게 어떤 일이 있었던 것일까?

나는 사회 선생으로 28년 6개월을 살다 명예퇴직했다. 그때는 50대 초반이었다. 새로운 인생을 살기에는 늦었고 놀고 지내기엔 너무 이른 연령대이다. 어떤 불가피한 상황이 있지 않고선 흔히들 말하는 철밥통 직장인 교직을 그만두는 일은 쉽지 않다. 만 63세까지 정년이 보장된다. 매달 17

일이면 꼬박꼬박 입금되는 고정 소득이 있다. 고맙게도 이 소득은 매년 그 어떤 정기예금의 이자보다도 눈에 띌 만큼 증액된다. 생각해 보자. 누가 이 직장을 쉽게 그만둘 수 있단 말인가? 게다가 나는 교감 승진을 위한 점수를 모두 채워놓은 상태였다. 그러니 내가 학교를 그만두겠다고 선포했을 때, 동료들은 한결같이 "제정신이 아닌가 보군." 아니면 "하기야 살만하니 그렇겠지?" 필시 둘 중 하나의 반응을 내게 건네는 듯했다. 퇴직을 선포했을 때 실제 동료들은 "어머 왜요?"라며 눈을 동그랗게 떴으니 속으로는 그런 말을 했다는 걸 짐작할 수 있다. 나는 정신이 나간 것도, 여유 부리고 살만한 처지도 아니었다. 좌절의 쐐기가 인생의 길을 막았을 때, 새로운 인생을 살고 싶은 뜨거운 마그마가 내 속에서 꿈틀거렸을 뿐이다.

나는 교감 승진을 위한 마지막 관문인 교무부장 자리에서 번번이 막혔다. 세 곳의 학교를 거치는 동안 풀리지 않던 인간관계의 매듭이 있었다. 한여름에도 고운 모시 스카프를 목에 두르고 고급 실내화를 신고 다니던 그녀, 사람 부릴 줄 알며 눈이 날카로웠던 그녀, "당신은 교무부장이 될 수 없어요."라며 일찌감치 무언의 언지를 주었던 그녀, 밤 9시가 아니면 퇴근하지 않겠노라고 선포한 동료, 지나고 보니 그들은 내 인생에 좌절의 쐐기를 박았던 주인공이 아니라 지금의 삶으로 안내해 준 고마운 스승이다. 사람은 자기에게 맞는 자리가 있음을 확신한다. 나는 가르치는 것이 나의 소명이라는 것을 알지만 관계 속에서 이루어 낼 수 있는 일은 내 자리가 아니라는 걸, 내가 학교라는 공동체를 떠나고 나서야 확실히 알게 되었다. 교감 승진의 마지막 통과 의례인 교무부장 자리에서 번번이 막히게 되자 나로서는 삶의 정열이 무너져 내리고 있었다. 수업을 알리는 타종 소리에 끌려다니는 삶에 지쳐갔다. 그리고 생각지도 못했던 복병이 매일 같이 내 속을 찔러댔다.

'이대로 끝인가?' 인생을 묻지 않을 수 없었다. 꼬박꼬박 들어오는 월급 통장은 생각할수록 아깝지만 맥없이 살아가야 할 남은 인생이 아깝다는 영혼의 울림이 더 컸다. 나는 다짐했다.

'그래 명예퇴직하자, 무엇을 하든 3년간은 밑바닥 인생을 살겠지, 이대로 끝 날 수는 없어!'

경이로운 결과는 일이 진행되는 동안은 눈에 뜨이지 않는다. 지나고 나서야 그때의 일이 현재의 연결고리가 되었다는 것을 알고 고마워한다. 교감 승진의 길이 막히고 학교를 그만둔 뒤에 찾아온 지금의 삶을 나는 무척 다행스럽게 생각한다. '좌절 뒤에 새 길이 열린다.'는 것을 인생 늦은 나이에 깨우치게 되었다. 마음이 가라고 일러주는 곳을 향하여 묵묵히 걸어가다 보면, 시간은 작지 않은 선물을 준다는 것은 진리이더라.

나는 용기와 두려움이 교차하는 퇴직을 하였다. 준비하지 않은 퇴직이었기에 막상 퇴직하고 나니 할 일이 없어 불안했다. '도대체 어쩌자고?' 퇴직하자 바로 런던과 스페인으로 떠났다. 떠나면 길이 보일 것 같았다. 준비 없이 떠나는 여행길은 퇴직의 상황과 같았다.

'그래 떠나자. 다녀오면 뭔가 달라질 거야.'

막연한 심정으로 런던행 비행기를 탔다. 런던에서는 주로 프레 타 망제

(영국의 스타벅스라고 보면 된다.)에서 샌드위치로 끼니를 대신 했다. 쇼 케이스에 진열된 신선한 샌드위치와 샐러드, 착즙주스에 이끌려서 나는 그곳을 매일 찾았다. 돌아와서도 그 신선한 메뉴들이 계속 눈에 아른거리더니 '프레 타 망제 같은 카페를 차릴까?' 급기야 카페 창업의 그림을 그리기 시작했다.

딱히 할 일이 없던 나는 런던 여행에서 돌아오자 앞뒤 생각 없이 창업에 열을 올렸다. 학교를 그만둔 퇴직자가 할 수 있는 일은 학습지 교사나 학원선생밖에 없었다. 교사가 아니라도 일반 퇴직자가 사회에 나와서 할 수 있는 일이 무엇인가? 수험생이 되어 다시 공무원 시험을 볼 일도 아니다. 그렇다고 공인중개사 자격증에 도전할 것인가? 3년 이내에 말아먹는다고 하는 창업밖에 대안이 없다. 특별한 기술이 없으니 창업 아이템도 프랜차이즈 아니면 가장 만만한 것이 카페이다. 알고도 모르는 척 나는 무모하게 창업의 문을 열었다. 규모는 초라하지만 건강주스와 샐러드, 샌드위치를 주메뉴로 하는 프레 타 망제 같은 카페였다.

막상 창업을 하였지만 아직 나는 자영업자로서의 마인드조차 제대로 갖추지 않은 상태였다. 곧이어 자영업의 슬픈 현실이 줄줄이 엮여서 내 앞에도 나타났다. 창업하고 불과 6개월 만에 폐업을 고려해야 할 상황이 되었다. 가게 자리와 가겟세, 간이과세자와 부가세 환급관계, 종업원 급여의 심각성, 종업원과의 인간관계, 남아도는 재료의 손실률에다 '증명된 디톡스 프로그램인가요?' 하고 묻는 까칠한 고객, 새벽마다 운동화 신고 농산물 시장을 돌며 진땀 흘리던 일, 어디 이뿐이랴?

"이런 것을 판매하다니 당신이 의사인가요?"

당시의 용어로 디톡스 주스를 마신 몇몇 고객들에게서 피부발진이 있었다. 고도 비만이거나 암 수술의 경력이 있는 분들이었다. 독소 배출에 따른 명현 현상이라는 걸 믿지만 달리 할 말이 없었다.

"과일과 채소로 만드는 주스잖아요."

이것이 내가 할 수 있는 처신의 전부였다. 독소 배출의 명현현상으로 보아야 할 피부발진은 쉽게 가라앉지 않기 때문에 디톡스 관련 제품을 판매하다 보면 가장 골치 아프게 겪는 일도 이런 경우이다. 그 때문에 나는 자연치유에 관심이 있는 분이라면 명현현상에 대한 이해와 받아들일 마음의 준비가 필요하다는 것을 꼭 당부하고 싶다.

장사하는 일이 부끄럽기도 했던 시기에 이런 일마저 당하고 보니 나는 창업으로 쏟아부은 퇴직금에 대한 미련조차 버리고 하루라도 빨리 폐업하고 싶은 마음이 간절했다. 당시는 현실이 너무나 암담하여 인생에 대한 회의도 심했다. 불운의 덫을 만들어 놓고 매일 암흑 속을 헤매는 기분으로 살았다. 차라리 교무실에서 달달한 밀크커피를 마시며 잡담하던 시절이 그리웠다. 시험지 뭉치를 들고 감독할 교실을 찾지 못해 진땀을 흘리며 헤매는 꿈을 자주 꾸었다. 이 꿈이 섣부른 퇴직과 창업에 대한 후회로 해몽될 때면 걷잡을 수 없는 패배감이 들어서 밖으로 나갈 수도 없었다. 불치의 의욕 상실증 환자가 되어가는 듯했다. 그러나 나는 다시 일어서야 했다. 향기로운 내 정원의 장미를 꺾어버린 것은 누구도 아닌 바로 나 자신이다. 창업으로 말아먹을 퇴직금이 눈에 보이기 시작했다. 삶에 의지를 불러온

강한 동기부여가 돈이라면 절실하다는 뜻이다. 자존감의 회복, 자아실현 따위의 말은 거창한 수식어이다. 창업 밑천으로 들어간 피 같은 퇴직금만 찾을 수 있다면 나는 그 어떤 어려움도 견뎌내겠다며 정신무장을 하기 시작했다.

생계와 돈, 이 절박함 앞에 달리 무엇을 생각한단 말인가? 퇴직과 동시에 불어 닥친 남편 사업의 불황도 나를 정신 차리게 만들었다. 가게를 살리려고 하니 내게는 판매보다는 교육이 적격이었다. 카페로 살아남기보다 창업지도하는 공방 선생이 되고자 했다. 가르치는 일은 여태 해온 일이니 어렵지 않다. '무엇을 가르칠 것인가?' 더구나 창업지도라니, 그럼에도 자신이 있었다. 이때부터는 필요한 것들을 배우러 전국을 돌아다녔다. 배우고 다듬어 나만의 자리를 잡기 위해서 치열한 전투를 치러야 했다. 그런데 싫지 않았다. 가르치는 일이다. 공방 선생으로 살아남을 수 있을지 현실은 불투명해도 도전할 의욕이 생겼다. 드디어 나는 다시 내 삶의 봉화를 올리기 시작했다. 발효 이야기를 꺼내려고 한 것이 너무 많이 본질에서 벗어난 것 같다. 그러나 이 또한 시행착오가 아니겠는가?

카페메뉴를 개발하고 창업지도하는 선생이 되고자 했다. 내가 원하는 카페는 건강한 먹거리가 풍성한 런던의 프레 타 망제 같은 것이다. 서울을 비롯하여 전국을 밤낮없이 뛰어다녔다. 배울수록 빠져드는 분야가 있었다. 미생물이 나를 살려 줄 것만 같았다.

'미생물을 카페 메뉴로 활용할 수 없을까?'

어불성설語不成說같은 탐구심이 생겼다. 발효의 매력에 푹 빠져들었다. 눈 내리는 아침에도 밀양의 깊은 산골짜기로 전통주를 빚으러 가지 못할까 봐 발을 굴렀다. 남은 평생 밤이고 낮이고 술독을 들여다보거나 초 냄새를 맡는다 해도 지겹지 않을 것 같았다. 효모가 뿜어내는 소리를 듣고 뽀글거리는 술독을 들여다보면 나는 깨어 있는 듯했다. 내가 돌보지 않으면 이 생명들은 부패균에 의해 잠식될 것이다. 내 앞날에 대한 불안감은 고사했다. 한때는 디톡스에 빠졌고 이제는 발효이다. 정신없이 뛰어다니며 책을 읽고 실습을 해댔다. 식초를 발효하다가 전통주의 맛을 알게 되고, 전통주에 빠지다 보니 누룩을 알아야 했다. 그러다가 쌀누룩에 집중하게 되었다.

발효를 카페음료로 데려오기 위해 식초에서 시작된 나의 발효 이야기는 쌀누룩으로 이어졌고 이제 내 삶은 발효를 거쳐 숙성의 단계에 접어들었다. 미생물은 방심하면 종잡을 수 없는 형상으로 부패해 버리지만 정성을 들이고 집중하면 기하급수적으로 증식한다. 내가 퇴직하고 단 3년 만에 여기까지 올 수 있었던 것도 부패하지 않은 미생물의 힘이다. 돌아보니 매 순간 나는 조금씩 성장하고 있었다.

2.
로푸드와 발효의 만남

귤청 3스푼에 귤천연발효식초 3스푼을

예쁜 유리잔에 담아 두 손으로 감싼다.

새콤달콤한 향기가 코를 자극한다.

지칠 때마다 마시니 피로는 달아나고

식사 후에 마시니 소화가 절로 된다.

자기 전에 마시니 불면도 달아난다.

어젯밤에도 읽던 책이 방바닥으로

떨어지는 소리를 들을 수 없었다.

2015. 4.

이 글은 내가 천연발효식초의 맛에 퐁당 빠져들던 때 썼던 일기이다. 이처럼 나는 식초를 음료로 즐겨 마시곤 했는데 식초만 마시기엔 신맛이 너무 강해서 과일청에 타서 새콤달콤한 맛으로 즐겼다. 발효와 숙성 과정을 거친 천연발효식초는 해독력이 뛰어나기에 매일 한두 잔 마셨다. 특히 미지근한 물에 타서 자기 전에 한잔 마시면 아침까지 푹 잘 수 있다. 일어나서 화장실을 다녀오면 깨끗하게 비워낸 느낌 때문에 그 개운함이 하루 종일 지속된다. 해독을 한답시고 온갖 좋은 것들을 사다가 만들어 먹던 시절엔 고가의 영지버섯을 달인 물보다 식초가 더 효능이 있었다.

'식초가 이렇게 좋다니!'

해독 음료라고 하면 오래전부터 나는 자신 있게 식초라고 말했다.

식초는 술에서 만들어진다. 효모가 당을 먹고 증식 활동하면서 부산물로 알코올을 만들고 다시 초산균이 알코올을 먹이로 발효하여 식초를 만든다. 이처럼 식초는 알코올 발효와 초산 발효, 두 번의 발효를 거치므로 영양이나 효능 면에서 다른 발효식품에 비해 더 뛰어나다고 볼 수 있다. 실제 식초는 한 가지 식품으로는 유일하게 노벨상을 세 번이나 받았다. 1945년에는 식초가 음식물의 소화 흡수를 돕고 에너지를 발생시키는 성분을 지니고 있다는 사실이 밝혀져 노벨상을 받았다. 1953년에는 구연산의 작용으로 피로회복에 좋다는 연구 결과에 의해서이다. 1964년, 식초는 부신피질호르몬을 촉진하여 스트레스를 해소한다는 연구 결과가 나와 세 번째 노벨 생리의학상을 받았다. 이로써 식초의 효능은 학술적으로도 확실히 증명되었다. 스페인과 이탈리아를 비롯한 와인 문화권에서는 기원전 5

천년 경부터 와인식초가 항생제로 쓰였다고 하는데 역사적으로 보아도 식초의 효능은 증명된다.

식초는 점점 나의 호기심을 자극했다. 책을 사다 나르고 읽어대기 시작했다. 알코올 발효는 혐기성, 초산발효는 호기성, 누룩, 효모, 역가, 당도와 알코올 농도, 알코올 농도와 산도, 도대체 무슨 말인지? 빨간 볼펜으로 밑줄을 그어가며 세 번을 읽어도 이해되지 않았다. 식초를 발효하는 방법도 가지각색이라서 어떤 것이 정통인지, 심지어 천연발효식초, 자연발효식초, 전통식초, 용어조차 제대로 구분되지 않고 혼용되고 있다. 초심자에게 발효공부는 그야말로 난공불락의 성 같았다. 식초의 대가를 보면 마치 그가 에베레스트 정상을 무산소 등반으로 오른 사람처럼 느껴졌다.

접근하기 어려울수록 나는 점점 식초의 매력에 빠져들었고, 내 모든 열정을 투자하고 싶었다. 나는 노력하지 않는 결과를 원하지 않는다. 하루아침에 일어나는 대박의 현실은 적어도 나에겐 없다고 생각한다. 그러나 바친 열정만큼의 보상은 대부분 돌려받았다는 것이 내 인생을 돌아보건대 사실이다. 디톡스 주스(2016년 당시 용어)를 만들고 건강음료카페 창업지도하는 공방 선생인 나는, 식초를 카페 음료로 활용하기 위해서 꼭 식초를 정복하고 말겠다는 의지가 있었다. 결과적으로 내가 로푸드와 클렌즈 주스 쪽의 공방 선생으로 빠른 시간 내에 괄목할 만한 성장을 할 수 있었던 요인도 식초이다. 내가 창업했던 2016년은 파인애플식초가 다이어트 음료로 붐을 일으킨 해였다. 제대로 배워서 좋은 식초음료를 만들고자 했던 생각이 시기적으로도 맞아 떨어졌다.

그러나 식초와 발효에 대해 깊이 있게 공부를 할수록 여러 가지 어려움도 있었고 또 심각한 문제점도 발견했다. 문제점을 볼 수 있다는 것은 지식과 경험이 그만큼 쌓여간다는 뜻이다. 전문가가 되기 위해서는 오랜 시간에 걸친 경험이 중요하다. 하나 비록 짧은 시간이라 해도 핵심문제를 찾아 집중적으로 파고들어 좋은 해결책을 제시하면 전문가로 인정받기에 충분하다.

전통발효식초의 가장 큰 과제는 소비자가 원하는 대중성 있는 음료화 방안이다. 그러나 이 문제에 대하여 답해줄 만한 사례가 아직 없었다. 식초 음료화 방안을 찾기 위해서 나는 제법 식초 전문가인 것처럼 위장하고 식초 심포지엄에도 참여하였다. '분리균주 MBA-77의 특성' '화학식으로 풀어내는 식초생산의 메커니즘' 이런 내용에 대하여 발표하고 토론하는 자리인데 말이다. 나는 주스와 식초를 양손에 들고 내가 품은 의문에 답을 찾고자 했다. 문제는 소비자가 원하는 입맛의 식초를 만드는 일이다. 즉 전통발효식초의 음료화 방안이다. 전통발효식초가 건강과 효능 면에서 탁월한 발효식품이지만 높은 산도 때문에 음료로 보편화하기 어렵다. 게다가 제대로 발효된 식초를 생산하기 위해서 적어도 1년 정도의 공을 들여야 하므로 가격도 만만치 않다. 맛과 가격 면에서 전통발효식초는 대중성 있는 음료가 되기 어렵다. 대중은 차라리 첨가물이 들어간 맛있는 홍초를 선호한다. 전통발효식초의 대중화는 쉽게 풀 수 있는 문제가 아니다.

클래스를 운영하는 공방도 동네 미장원만큼이나 많다. 치열한 생존 경쟁의 시장에서 살아남으려면 공방 선생도 자신만의 원칙과 전문성이 있어야 한다. 맛, 건강, 대중성, 이 세 가지는 내가 창업지도하는 공방 선생으로서 가장 중요하게 생각하는 원칙이다. 아무리 건강에 좋은 음식도 맛이 없으면 소비자가 찾지 않는다. 나는 카페나 공방 창업을 목적으로 하는 사람들을 가르치는 클래스를 운영하고 있다. 내가 제안하는 메뉴와 전수하는 기술로 만들어지는 제품은 반드시 맛과 건강, 가격 면에서 대중성이 있어야 한다. 늦게 출발하더라도 이 원칙이라면 나는 공방 선생으로서 성장의 희망과 가능성이 크다고 확신한다. 자신만의 원칙과 전문성으로 채색된 공방 선생, 나는 이 핵심을 로푸드(클렌즈 주스)와 발효식초에서 찾고자 했다.

스티브 잡스는 창조[creative]에 대하여 '이미 존재하는 것들을 연결하는 힘'이라고 했다. 이 세상에 존재하지 않는 새로운 것은 없다. 기존의 것들을 새로운 관점으로 바라보고 재해석하거나 스티브 잡스의 말처럼 이미 존재하는 것들을 연결하면 자신만의 새로운 가치를 만들어 낼 수 있다. 연결은 두 요소 간의 합집합이 아닌 교집합이다. 공통된 핵심 요소를 뽑아서 하나의 가치로 통합하면 그것이 창조이다. '기존의 레시피 대로 제품을 만들고 가르칠 것인가?' 공방 선생으로서도 새겨 볼 일이다. 교사 시절, 나는 학습지도 연구대회에서 단 한 번의 출전으로 1등급을 받았다. 지금은 없어진 제도이지만 내가 교육현장에 있을 때만 해도 교사들의 교수학습 방법은 이 대회의 성과로 판가름 지을 만큼 공신력 있는 대회였다. 교사로서 가시적인 자부심을 가장 많이 느낄 수 있던 대회였다. 그런 만큼 출전자들은 공을 들여서 준비한다. 내가 출전하던 때는 학습내용과 제목이 전혀 다른 두 가지 주제가 제시되었다. 까다로운 문제였다. 나는 학습지도 계획안을 짜면서 서로 다른 주제 간의 공통점을 찾아서 엮는 수업 구조를 고민했다. 제목과 내용이 다르다. '두 주제를 차례대로 나열할 것인가?' 차별화가 필요했다. 어떤 문제 상황이 주어지면 나는 언제나 두 영역의 공통분모를 찾아서 하나의 주제로 통합하는 버릇이 있다. 내가 문제를 해결하는 방식이다.

'공통점을 찾아서 하나로 엮어라! 그러면 나만의 새로운 것이 만들어진다.'

결국, 나는 두 주제 사이의 공통점을 찾아 하나의 제목 아래 내용을 묶었다. 교과내용의 재구성이었다. 다른 경쟁자들이 나열식 구조를 고수했다면 나는 전혀 새로운 모델로 수업을 했다. 이 때문에 수업은 명확했으며 흐름도 자연스러웠다. 가장 불리하다는 마지막 차례의 순번을 주웠지만 나는 심사위원들의 격찬을 받으며 당당히 1등급을 수상했다. 덕분에 그해 사회수업 모델 사례로 선정되어 인터넷 방송에도 출연하였다. 스티브 잡스 말대로 '기존의 것을 연결하라!' 공방 선생인 우리가 충고로 받아들여야 한다.

자, 여기 주키니 호박이 있다. 밀가루의 글루텐 알레르기가 있는 사람들은 박막례 할머니의 간장비빔국수가 먹고 싶어도 참아야 한다. 국수의 면발을 대신해서 기다란 주키니 생호박으로 면을 뽑는다. 그리고 아보카도를 아몬드밀크와 라임즙을 넣고 갈아서 약간의 소금으로 간을 한 소스에 비빈다. 생소한 채소 누들에 크리미[creamy]한 소스가 곁들여진 로푸드의 맛에 당신은 깜짝 놀랄 것인가? 케일, 아보카도, 바나나를 아몬드밀크로 빽빽하게 갈아 스피룰리나로 녹색을 더해 나무 볼에 담아보자. 색이 단조로

우니 맛도 밍밍할 것이다. 예쁜 색의 과일과 고소한 견과류를 토핑해서 브런치 메뉴로 내놓아 보자. 생야채 죽 같은 스무디 볼에서 건강이 넘쳐흐르지만 당신의 카페가 맛집이 될 가능성이 있을지 의문이다. 대중이 좋아할 맛이 아니라는 것이다. 로푸드도 서양식의 레시피만 주장하는 한계에서 벗어나야 하지 않겠는가?

나는 해외식의 로푸드와 우리의 전통발효식초를 효소라는 공통분모를 축으로 결합하여 이를 '로푸드생활발효'라 일컫고 이 범위 내에서 맛있고 건강한 메뉴로 구성한 카페를 건강카페라 한다. 영국의 프레 타 망제에 발효제품이 더해졌다고 생각하면 된다. 한편 하나의 매장에서도 휴게음식(테이크아웃 판매가 허용되지 않는다.)과 즉석판매제조가공업(테이크아웃과 통신판매가 가능하다.) 허가가 동시에 가능해졌다는 정보를 가장 빨리 접수하여 카페이지만 테이크아웃과 통신판매로까지 마케팅 범위를 확장하고 클래스도 함께 운영할 것을 제안하고 있다. 판매와 교육을 동시에 운영할 수 있는 이런 카페를 공방 카페라고 한다. 결론적으로 말하자면 나는 로푸드와 발효의 두 분야를 접목함으로써 늦게 출발했지만 클래스를 운영하는 공방업계에서 두드러진 성장을 하였다고 자부한다. 특히 발효를 집중적으로 공략하여 카페 음료를 개발한 것은 나만의 고유한 전문성이 되었다. 발효만 전문적으로 공부한 사람도 해결하지 못하는 부분이 발효의 음료화이다.

발효는 공부하기 까다로운 점이 없지 않다. 수년을 공부해도 풍부한 경험이 누적되지 않으면 해결되지 않는 문제들이 많다. 그러니 누가 쉽게 발효 선생이기를 원하겠는가? 남들이 기피하는 곳에 틈이 있고 그 틈의 핵심문제를 풀면 자신만의 고유성을 지닌 최고의 전문가가 될 수 있다. 차별화는 이렇게 만들어진다. 나는 로푸드와 채식, 마크로비오틱 등 건강음식 분야에 종사하는 분들이라면 꼭 발효를 공부하길 당부한다. 발효를 공부하시라! 결과는 고진감래[苦盡甘來]이다.

3.
전통식초의 음료화, 관점을 달리하다

창업지도 해드린 예순넷의 어르신께서 누룩공방을 오픈하셔서 다녀왔다. 이 어르신께선 작은 공방 하나 갖는 것이 평생 꿈이어서 배낭을 메고 십여 년을 배우러 다니신 분이다. 배워도 막상 창업을 하려니 뚜렷한 아이템이 없어서 애태우셨다는데, 다녀가신 지 정확히 두 달 만에 창업했다. 판매와 클래스를 함께 운영하므로 나도 그분을 선생님이라고 불러야겠다. 내가 지도해 드린 것은 디톡스 이론과 클렌즈 주스, 건강 음료의 베이스가 될 수제청, 발효음료인 콤부차, 요즈음 가장 핫한 쌀누룩과 쌀누룩발효 제품들, 전통발효식초와 막걸리식초로 만드는 식초음료 등이다. 특히 맛과 당도를 조절할 수 있는 귀하고 귀한 쌀누룩 제조법을 알려드렸으니 누룩발효소금과 누룩발효쌈장, 누룩발효고추장은 쉽게 만들 수 있다.

상가 건물 2층에 자리한 선생님의 공방은 깔끔하고도 포근하며 출입문

정면에 놓인 진열 냉장고에는 맛있는 발효제품들이 가득했다. 선생님께서 만든 찹쌀막걸리식초에 수제청을 타서 마셔보니 반할 맛이다. 첨가물이 들어가지 않은 수제청은 콤부차와 결합해도 좋다. 콤부차가 탄산을 대신하니 발효에이드이다. 수제청과 콤부차, 수제청과 발효식초, 특히 쌀누룩요거트는 어떤 음료와도 잘 어울린다. 각자의 기호에 맞춰 적정 비율로 배합하면 더할 수 없이 건강하고 맛있는 발효음료가 만들어진다. 유산균이 살아있는 건강음료이고 카페음료로도 훌륭하다. 요즈음은 카페에서도 건강음료를 찾는 추세이다. 이렇듯 커피를 제외한 모든 건강 음료가 나의 손에서 만들어지고 널리 퍼져나가고 있다. 프랜차이즈를 만든 분도 있고 대형카페에 납품하게 되었다는 소식을 보내주기도 한다. 나는 발효를 공부한 지 그리 오래되지 않은 푸르고 미숙한 사람이다. 그럼에도 십여 년 이상 발효공부를 해 오신 분들까지도 창업지도하니 놀랍다.

현재 나는 농림축산식품부 산하 한국전통식초협회의 임원진으로도 활동하고 있다. 전통식초의 대가 한상준 초산정 대표가 회장으로 활약하는 단체이다. 아직 발효 중에 있는 미숙한 사람인데도 발효의 고수들이 모인 곳에서 임원으로 활동하고 있다. 전국 규모의 발효아카데미에서도 두 번이나 강의를 했다. 강의는 공지와 함께 바로 마감되었고 대기자가 많아 재강의를 요청해왔지만 사정상 수용할 수 없었다. 강의 때는 모두 어찌나 눈을 크게 뜨고 집중하는지, 덕분에 중간 휴식 시간도 빼먹었다. 내리 세 시간 강의를 하고 나서도 질문은 계속 이어지고 자리를 뜨는 사람이 없었다. 대체 어떤 강의여서 그토록 반응이 뜨거웠단 말인가? 나는 락토바실러스 아시

도필루스와 락토바실러스 람노서스가 소장에 사는 유산균의 일종이라는 것만 알지, 이 미생물들이 어떤 식초에 많은지는 모르는 사람인데 말이다.

최근 와인식초를 복분자청, 오미자청, 배즙, 요구르트에 배합해 먹거나 양파와 함께 우려먹으니 식초의 톡 쏘는 맛이 달달한 맛과 어우러져 건강도 챙기고 맛도 좋아 이를 사업화할 것이라는 분의 기사를 읽은 기억이 있다. 과즙이나 수제청에 천연발효식초를 배합하여 맛있는 음용식초를 만드는 법은 이미 내가 전파하고 있는 터이다. 이 기사를 읽고 그동안 내가 추구해 온 일들에 더 큰 가치를 부여해야 했다. 나는 전통식초의 문제점을 찾아서 이미 이런 방식으로 현실성 있는 제품으로 만들어 내는 일에 주력해왔다.

식초가 해독에 좋은 발효식품이라는 것은 누구나 아는 사실이다. 귀농하는 사람치고 식초를 만들려 하지 않는 사람도 드물다. 수많은 농가에서 천연발효식초를 생산하지만 실제 소비시장은 그리 넓지 않다. 게다가 일반인들은 식초 배우는 일이라면 고개를 젓는다. 전통발효식초가 현실에서 멀어질 수밖에 없는 것도 사실이다.

"저는 아무것도 모르는데 배울 수 있을까요?"

발효를 어렵게 여기며 이런 질문을 하는 이유도 따지고 보면 앞서도 말했지만 초보자들이 쉽게 식초를 만들 수 있도록 안내할 명쾌한 이론서가 없는 이유도 한몫한다. 한편 식초를 만드는 방법도 다양하여 식초 만드는 일은 아예 혼돈 그 자체로 여겨져 자연스레 발효를 멀리하게 된다. 그러나 발효에 대한 핵심 이론만 익히면 실제 식초 발효는 아주 쉽다. 심지어 술을 만들지 못하면 막걸리를 사다가 약간의 종초를 넣고 온도만 맞추어 그대로 두면 저절로 식초가 된다. 종초가 없으면 임시방편으로 시판용 현미식초를 넣어보자. 종초 역할을 대신 할 수 있다. 이렇게 해서라도 만든 막걸리식초는 그 감칠맛에 놀랄 것이다. 식초 발효를 쉽게 받아들이길 바란다.

천연발효식초의 다른 문제는 산도(식초에 포함된 유기산의 농도, 보통 7%)가 높아 음료로 마시기에 부적합하다는 점이다. 친정엄마는 새벽 운동 후엔 꼭 홍초 한잔을 마신다. 몸에 좋은 천연발효식초 대신 첨가물이 포함된 홍초를 마시는 이유가 무엇일까? 코엑스에서 개최되었던 식초문화대전 컨퍼런스에서도 가장 이슈화되었던 문제가 식초의 소비시장을 확대하는 방안이었다. 홍초가 친정엄마의 입맛을 사로잡았듯이 천연발효식초가 대중성 있는 식품이 되기 위해서는 소비자의 기호에 맞춘 음료로 개발되어야 한다. 식초를 음료화하려면 산도를 낮추고 건강한 단맛을 적절히 보충하면 되므로 실제 이 문제의 답을 찾는 일은 어렵지 않다. 와인식초에 오미자청이나 복분자청을 타서 마시니 맛있다는 기사가 그렇다. 망고 후르츠청에 파인애플식초를 1대 1의 비율로 타서 피곤할 때 마셔보자. 맛있는 피로회복제가 될 것이다. 식후에 마시면 기분 좋은 소화제이고 잠이 오지 않을 때 마시면 고마운 수면제이다. 그럼에도 불구하고 이 고마운 식초음료를 만들지 못하는 이유는 무엇일까?

천연발효식초가 대중성 있는 음료가 되기 위해서 풀어야 할 가장 큰 문제는 실제 가격이다. 천연발효식초 1ℓ 한 병의 가격이 보통 5만원 이상이다. 여기에다 과즙을 섞는다고 해도 음료 가격으로는 꽤 높을 수밖에 없다. 한때 전국을 떠들썩하게 했던 달달한 파인애플식초(마트판매용 식초에 설탕을 1대 1 비율로 타서 파인애플을 우려낸 식초음료)를 기억할 것이다. 마치 과일주스 같은 달콤한 식초가 뱃살까지 쏙쏙 빼준다며 TV방송에도 나왔으니 너도나도 파인애플식초를 마셨다. 그때는 다이어트 전문점이나 주스바, 공방에서 이 식초를 판매하지 않는 곳이 없었다. 이때 식초 1ℓ 한 병의 가격이 대략 20,000원에서 25,000원 정도였으니 지금도 소비자들은 식초 가격은 이 정도 선으로 인식하는 듯하다. 천연발효식초는 두 배 이상의 비싼 가격이니 아무리 효능이 좋다고 해도 소비자에겐 부담스러운 가격이다. 앞의 사례처럼 직접 재배한 포도로 와인식초를 만들어 여기에 복분자청까지 희석하여 판매한다고 가정해보자. 1ℓ 한 병에 얼마를 받아야 할 것인가? 적어도 1년 이상의 시간과 공을 들인 식초를 다시 음료로 만들면 가격 면에서 대중성이 있을지 씁쓰레한 의문이다. 천연발효식초의 대중화, 곧 음료화에 대한 답을 찾을 수 없다면 가격문제 때문이 아닐까?

천연발효식초의 소비시장을 확대하기 위해선 맛과 가격 문제를 해결해야 한다는 점을 나는 일찍부터 생각하였다. 이런 관점에서 찾은 대안이 막걸리식초로 만드는 착즙식초이다. 나는 착즙식초의 바람을 일으킨 장본인으로 2017년 전국방송(MBC 생방송 오늘아침)에도 출연하였다. 그러고 보면 일찌감치 천연발효식초 음료화의 길을 열었던 사람이다. 나의 연구 결과가 알게 모르게 알려지면서 이 방법을 배우고자 현재 발효의 고수들도 나를 찾고 있다. 내가 전통주와 천연발효식초, 그리고 누룩에 이르기까지 발효의 벽을 자유롭게 넘나들며 발효의 고수들 앞에서 강의를 하고 창업 지도를 하고 있는 이유는 전통식초에 대한 소비자의 마음을 읽을 수 있었고 그 답을 찾았기 때문이다. 『관점을 디자인하라』에서 저자 박용후는 이렇게 말한다.

"기존의 틀을 고집하거나 틀 안에 갇힌다는 것은 그동안 모든 사람들이 해오거나 일반적인 통념이라고 여기던 방법을 그대로 따르는 것을 말할 것이다. 성공을 바라는 삶의 창조자가 되고 싶다면 그렇게 해서는 안 된다. 틀 밖에서 틀을 바라보는 관점을 디자인할 필요가 있다. 소비자의 마음을 얻어야 하는 기업이라면 더욱 소비자들의 관점에서 그들이 무엇을 원하는지 알아야 한다."

왜 천연발효식초는 음료화 되지 못할까?

나는 이 문제를 놓고 소비자의 관점에서 문제를 해결하려 했다. 결론적으로 말하자면 천연발효식초가 대중성 있는 음료가 되기 위해서는 맛과 가격의 문제를 해결해야 한다. 소비자의 마음을 읽으려 했고, 틀 밖에서 틀을 바라보는 관점을 디자인하려고 했기에 나는 발효의 고수를 뛰어넘을 수 있었다.

천연발효식초를 맛있는 음료로!

- 막걸리식초로 만드는 파인애플착즙식초(과즙음용식초)

1. 쌀누룩으로 막걸리를 만든다.
2. 이 막걸리로 식초를 만들어 베이스식초로 사용한다. 두 달에서 세 달 정도면 막걸리 식초가 완성된다.
3. 파인애플을 착즙하여 100% 원액을 준비한다.
4. 막걸리식초에 착즙한 파인애플 즙을 배합한다.
5. 실온에서 2~3일, 냉장고에서 1주일 정도 숙성한다.

이렇게 하면 막걸리식초를 베이스로 숙성한 파인애플착즙식초가 만들어진다. 막걸리식초를 베이스로 한 과즙음용식초는 다음과 같은 효과를 기대해 볼 수 있다.

- 효과

1. 막걸리식초는 다른 곡물 식초에 비하여 쉽게 만들 수 있다.
2. 쌀누룩으로 막걸리를 빚어 식초를 발효하니 발효기간을 줄일 수 있었다.
3. 발효기간을 줄이면 전통발효식초의 2차 상품인 음용식초의 가격문제를 해결할 수 있다.
4. 막걸리식초에 들어있는 필수 영양소는 질병으로부터 면역력을 높여주는 효과가 크다.
5. 막걸리식초로 음식을 만들면 감칠맛이 뛰어나다. 아미노산이 풍부하기 때문이다. 어려서 나는 할머니가 막걸리식초로 회무침하는 광경을 종종 보았다. 할머니의 음식 솜씨가 유별난 데는 막걸리식초가 한몫하였던 것을 이제야 알게 되었다. 30년 전통의 신당동 홍어찜 집 할머니의 맛 비결도 막걸리식초로 만드는 양념장이라고 한다.
6. 산뜻한 과일의 맛이 식초와 어우러져 음료로 마시기에 알맞다. 식초를 음료화한 대표적인 사례가 미국의 애플사이다 비니거apple cider vinegar이다.
7. 파인애플은 단백질분해효소가 가장 많은 과일이다. 식초에 파인애플의 효소 기능이 더해진다.

이상과 같은 장점을 고려해보건대, 막걸리식초로 만드는 과일착즙식초라면 기능적 측면에서 식초의 효능은 더욱 살리며 전통발효식초의 최대 고민인 맛과 가격 문제를 해결할 수 있다. 전통발효식초의 소비시장 확대에 도움이 될 것이다.

4.
음료, 디저트, 효소까지 창의적 발효아이템, 쌀누룩

발효는 한두 달 공부한다고 성과를 낼 수 있는 분야가 아니다. 배우기도 까다롭지만 많은 시일과 경험이 필요하다. 이러한 이유로 발효를 멀리하거나 어려워하는 사람들이 많으므로 생활과 멀어지는 경향이 있다. 건강 음료를 만들고 가르치다 보면 발효만큼 활용 가능성이 많은 분야도 없다. 남들이 기피하는데서 틈을 찾아 발전시키면 누구도 침범하기 어려운 자신만의 단단한 분야가 만들어진다. 나는 발효의 세계에 빠지면서 식초, 전통주, 된장, 고추장, 김치, 젓갈, 이외에도 누구나 쉽게 만들고 좋아할 만한 아이템이 없을까? 특히 카페에서 디저트나 음료로 활용할 만한 것이 없을지, 발효에서 새로운 아이템을 찾으려고 애를 썼다. 항상 그렇지만 나는 다르게 생각하기를 즐긴다. 발효도 마찬가지이다.

'전 세계인이 가장 많이 먹는 발효음식이 무엇일까?'

당연히 술이라고 생각했는데 뜻밖에도 템페이다. 생소하여 자료를 찾아보니 콩으로 발효한 인도네시아 전통발효음식이다. 발효가 잘된 템페는 콩 사이마다 흰색의 균사체가 촘촘히 들어차 있으며 생긴 모양은 꼭 두부 같다. 얇게 썰어서 간을 하여 튀기거나 구워 샐러드나 샌드위치, 수프 등에 곁들여 먹는다. 콩으로 발효하므로 채식을 지향하는 사람들에게 좋은 단백질 공급 식품이다. 건강 음식도 대중성이 있으려면 우선 맛이 좋아야 한다. 처음 먹어본 템페의 맛은 두부보다도 밍밍했다. 간장으로 맛 조림한 템페 샌드위치도 먹어 보았다. 맛을 돋우기 위해 간장 조림을 하는 것 같다. 그렇다 해도 그다지 당기는 맛이 아니었다. 맛이 좋고 활용 가능성이 크다면 나는 템페를 배우기 위해서 원산지인 인도네시아 자바 섬으로 날아갈 수도 있었을 터이다. 차라리 두부를 간장 조림하여 샌드위치 속을 채우는 것이 더 낫겠다고 생각했다.

나는 건강과 맛의 관점에서 새로운 발효 아이템을 찾으려고 늘 살피고 골똘히 생각한다. 때로는 생각지도 못한 곳에서 답을 찾곤 한다. 예를 들어 3년 전 런던의 한 식품점에서 허브를 가득 채운 물병을 발견하였는데 해독과 다이어트용 물 같아서 관심이 갔다. 나를 아는 분들은 아이템 측면에서 내가 항상 몇 발씩 앞서가는 사실에 놀라곤 한다. 앞으로 집중적으로 다룰 쌀누룩요거트도 마찬가지이다. 대중이 좋아할 만한 아이템을 찾되 몇 발 앞서가야 선점할 수 있다. 그러기 위해서 나는 늘 찾고 생각한다. 런던에서 발견한 해독용 물도 좋은 아이템이라는 걸 알고 벌써 3년 전에 배웠다. 마침 어느 꽃차 클래스에서 말린 과일을 대신하여 생으로 된 꽃과 허브, 과일을 조합한 레시피를 만들어 가르치고 있었다. 꽃과 과일, 허브의 색상을 잘 조화시키면 물도 상품성이 있어 보인다. 비타민 워터(예전엔 디톡스 워터로 통용)라 이름을 붙이고 클렌즈 주스 수업에 활용하였다. 현재 모 커피 브랜드에서는 티톡스라는 이름을 붙이고 녹차나 히비스커스 티백 우린 물을 판매하고 있는 것을 보았다. 물의 상품성에 대한 생각이 3년이나 앞선 셈이다. 차별성 있는 클래스를 운영하기 위해서 좋은 아이템을 찾는 일은 무엇보다 중요하다.

내가 쌀누룩을 발견한 것은 아이러니하게도 『바 타르틴 테크닉&레시피 BAR TARTINE TECHNIQUES&RECIPES』라는 책에서였다. 쌀누룩을 배우기 위해서 종주국인 일본에 다녀온 사람은 있어도 나처럼 샌프란시스코 레스토랑(샌프란시스코에 있는 레스토랑의 셰프들이 쓴 책)의 레시피에서 쌀누룩의 존재를 알게 된 사람은 없을 것이다.

> "누룩은 발효한 배지培地로 사케나 아마자케, 미소, 간장 등 한중일의 음식과 음료에서 볼 수 있는 독특한 풍미를 만들어 내는 근원이다. 바 타르틴에서는 디저트 및 소스를 만들거나 고기를 재울 때 쌀누룩을 사용한다."

특히 쌀누룩으로 디저트를 만든다는 내용을 보았을 때 '바로 이거다.' 하는 생각이 들었다. 색다른 카페음료와 디저트를 찾고 있던 나에게 쌀누룩은 가뭄 끝에 만난 비 같았다. 쌀누룩이라는 기회의 제공자는 책이었고 나는 그 기회를 재빨리 알아보았다. 시작은 로푸드와 발효의 접목이었지만, 이 일이 밑거름이 되어 이제 나는 쌀누룩으로 꽃을 피우기 시작했다. 인스타 닉네임도 'nurukflower'이다. 발효의 세계, 무수한 고수들 사이에서 쌀누룩의 가치를 알아차린 것은 정말 행운이다.

식초를 공부하면 자연스레 술을 배우고 싶어 한다. 술이 있어야 식초가 되니 당연한 일이다. 전통주를 약 1년간 배웠다. 그러나 배울수록 회의가 일었다. 이화주, 석탄주, 송순주를 배웠지만 도가를 차리거나 막걸리 카페를 열 것도 아니며 가르칠 의향도 없다. 전원주택에 살며 전통주를 빚어 손님 초대하고 솜씨 자랑하며 살 처지도 아니다. 애당초 내가 전통주를 배우고자 한 목적은 맛있는 식초를 만드는 데 있었기 때문이다. 따라서 가벼운 단양주 정도만 만들어도 된다. 더불어 술 발효에 대한 이론만 확실히 알게 된다면 전통주는 더 이상 내 탐구영역이 아니라고 선을 그었다. 어찌했건 내가 원하는 방향은 전통주 자체가 아니었기에 기본만 충족되면 더 이상 헛걸음할 이유가 없었다. 인생은 그리 길지도 않으며 너무 많은 것을 주워 담기엔 그릇이 부족하다. 내가 잘할 수 있으며 충분히 효용가치가 있다고 생각하는 것을 골라서 집중해야 한다. 식초발효로 가는 알코올 농도 6~8%의 술을 잘 만드는 선에서 전통주는 손을 놓기로 결심했다. 계속 전통주를 빚으며 내가 만든 술의 맛을 따질 필요가 없었다.

퇴직 이후에 내가 터득한 인생교훈이 있다면, 어떤 결정을 내려야 할 애매한 상황에서는 '마음이 더 이끌리는 곳'이 답이더라는 사실이다. 마음이 이끄는 곳은 직감이다. 내가 적어도 40대이면 이런 생각은 하지 않았을 수도 있다. 전통주의 참맛을 알았으니 내킨 김에 이양주, 삼양주를 넘어 오양주도 척척 만들고 전통주 명인도 되어 볼 일이다. 하나 나는 심도 있게 전통주를 배우기엔 이미 늦은 나이이다. 더 이상 우물쭈물하며 가능성 없는 일에 매달릴 시간이 없다. 마음이 시키는 대로 술 공부는 그만두기로 했다. 그러던 어느 날, 나는 발견했다.

'무엇을?'

종류	곡식	물	누룩(쌀누룩)
부의주	찹쌀 2.4kg	물 4.5ℓ	누룩 700g
막걸리	쌀 1kg	물 2ℓ	누룩 200g
쌀누룩요거트	찹쌀 380g	물 1400cc	쌀누룩 400g (누룩의 종류가 다르긴 하지만)

"쌀누룩요거트, 이건 별 중요한 건 아니고요."

전통주 가르치던 선생이 툭 던졌다. 누룩은 효소이다. 노폐물을 자르는 가위 말이다. 책에서 쌀누룩으로 디저트를 만든다는 것을 보고 놀란 일이 있다. 더 놀라운 건 누룩의 양이다. 위의 표에서 재료에 대한 누룩(쌀누룩)의 양을 집중해서 보라. 누룩이 무엇인가?

5.
변비, 고혈압, 당뇨, 바이러스, 아토피 치유의 비책, 쌀누룩

쌀누룩의 가치를 알게 된 이후 이를 활용할 부분과 좋은 아이템이 많지만 가장 큰 문제는 쌀누룩을 제조하기 위한 종균이 문제였다. 쌀누룩요거트를 만들기 위해서도 1차로 쌀누룩이 필요하다. 쌀누룩을 만들려고 하니 제조법은 알아도 누룩의 씨앗이 될 균을 알 수도, 구할 수도 없었다. 쌀누룩을 만들기 위한 균은 일본에서도 쉽게 알려주지 않는 것으로 알고 있다(이 부분은 설명하지 않겠다). 국내에서는 아예 이 균을 판매하는 곳이 없으니 쌀누룩 제조법을 알아도 만들 수 없다. '쌀누룩의 종균을 어떻게 해결할 것인가?' 고심은 거듭되었다. 그러던 어느 날, 사우나에서 땀을 빼던 중 번뜩 떠오른 아이디어 하나가 있었다. 마치 눈을 헤치고 나와 봄이 오는 것을 알려주는 노루귀 마냥 그때 떠오른 생각이 해결의 실마리를 던져주었다.

답은 그리 멀지 않은 곳에 있었다. 나는 문제 상황에 부딪힐 때면 언제나 그렇듯이 이미 내가 잘 알고 있는 것들 중에서 공통성이 있는 것을 연결하는 버릇이 있다. 결합이자 융합이다. 나는 식초와 전통주, 그리고 누룩을 잘 알고 있다. 대회에 나갈 수준은 아니지만 내가 원하는 수준의 맛을 낼 수 있으며 발효를 기반으로 음료를 개발하여 가르치고 있지 않은가? 쌀누룩 종균의 문제 역시 발효의 연결고리라면 가능할 것 같았다. 발효를 손바닥에 올려놓고 보니 알쏭달쏭한 무언가가 보이기 시작했다. 아이디어를 얻었으니 곧장 실험으로 직행했다. 그러기를 무려 1년 반, 알고 보면 단순한 답일지라도 충분히 활용할 만하고 실용성 있는 완벽한 해결책이 나왔다. 내가 쌀누룩에서 해결하고자 했던 세부적인 사항은 이렇다.

1. 설탕이나 다른 첨가물을 사용하지 않아야 한다.
2. 누룩 자체로 맛과 당도를 자유롭게 다스려야 한다.
3. 누룩의 색은 희고 균일해야 한다.
4. 누룩의 꽃이 쌀알의 입자마다 고르게 피어야 한다.
5. 보관 중 부패하지 않아야 한다(쌀누룩이 부패하면 분홍색이나 푸른빛이 나타난다).
6. 누룩의 잡냄새를 잡아야 한다.
7. 쌀누룩발효음료, 누룩소금, 누룩젓갈 등 2차 발효식품을 만들 때 기존의 재료와 잘 섞여서 쌀누룩의 입자가 겉돌지 않아야 한다.

이상과 같은 문제를 풀기 위해서 나는 모든 균의 특성을 자세히 파악해야 했으며 그에 따른 누룩의 결과물을 낱낱이 파헤쳐 가며 완벽에 가까울 정도의 연구와 실험을 했다. 한동안 나는 쌀누룩의 블랙홀에 빠져 살았던 것 같다.

'쌀누룩의 문제를 해결했다고 다른 문제는 없는가?'

구겨진 레시피대로 쌀누룩요거트를 만들면서 온도를 측정해 보았다. 밥솥의 뚜껑을 완전히 열어 발효해 보았지만 온도가 거의 80℃ 정도로 올라간다. 누룩은 생명체이자 효소이다. 온도가 그렇게 올라가도 과연 누룩이 살아있을지 의문이다. 생명이 살아있어야 효소가 있다. 누룩이 사멸하여 효소가 없는 음식에 건강을 기대하며 따로 챙겨 먹는 것은 이해되지 않는다. 따라서 나는 쌀누룩의 효소를 살리기 위해 쌀누룩요거트의 발효 온도에 관한 문제도 풀어야 했다. 효소는 열에 의해 사멸하므로 효소가 왕성하게 살아서 활동할 수 있는 온도 범위에서 발효를 해야 한다. 학자들마다 약간의 차이는 있지만 효소는 53℃(일본 효소박사 쓰루미 다카후미 이론에 근거) 전후의 온도에서 거의 파괴된다고 한다. 그러므로 발효 내부의 온도를 고려해서 쌀누룩요거트의 발효 온도를 50℃ 수준까지 낮추어야 한다.

'쌀누룩의 효소를 살리자!'

쌀누룩을 효소의 관점으로 바라보니 이 또한 풀어야 할 심각한 문제였다. 식초나 전통주를 마다하고 내가 쌀누룩요거트에 집중하게 된 이유도 효소로서 누룩의 양이 훨씬 많이 들어간다는 점 때문이다. 그리고 내가 찾고자 했던 또 다른 문제는 쌀누룩의 활용에 대한 것이었다. 『바 타르틴 테크닉&레시피BAR TARTINE TECHNIQUES&RECIPES』에서도 나왔듯이 쌀누룩만 있으면 다른 발효음료나 디저트도 얼마든지 만들 수 있다. 누룩소금과 누룩젓갈 같은 조미용 식품으로 활용하는 이외도 다양한 해독용 음료나 카페의 음료로 활용할 방안을 찾는 것이 내 주된 관심 영역이다. 단 쌀누룩 자체로 맛과 당도를 조절하고 저온으로 발효음료를 만들어 쌀누룩의 효소를 살려내면 말이다. 쌀누룩은 활용할 범위가 넓기 때문에 지금도 나는 여전히 연구 실험 중에 있다.

첨가물을 사용하지 않는 달콤한 과일 수제청은 모든 음료의 베이스로 활용하기 좋다. 딸기청에 우유를 타면 딸기우유이다. 딸기우유는 거의 모든 카페의 주메뉴일 만큼 인기가 있다. 이처럼 딸기청에 막걸리를 타면 딸기막걸리이다. 딸기우유 못지않을 맛이다. 게다가 장 건강에 좋은 유산균 발효음료이다. 그럼에도 이는 어디까지나 막걸리이지, 사람들은 딸기 유산균음료로 생각하지 않는다.

실제 막걸리를 빚으면 알코올 농도가 약 12~13%이다. 시판되는 막걸리가 6~8%인데 비하면 알코올 농도가 꽤 높다. 직접 빚은 막걸리에 과일청이나 과일주스를 희석하여 음료로 생각하고 마셨다가는 정신이 얼떨떨해질 수 있다. 그러니 막걸리는 대중성 있는 음료로 활용성이 떨어진다. 아토피 아기들이 유산균이 살아있는 발효음료라고 해서 과일막걸리나 막걸리로 만든 스무디를 마실 수는 없다. 이런 점에서도 쌀누룩요거트는 매우 유용하다. 알코올을 염려할 필요가 없으며 자체의 천연적인 당도가 있어 설탕을 첨가하지 않고 과일과 함께 갈아서 스무디로 마시면 유산균이 듬뿍 살아있는 맛있는 음료가 된다. 한편 쌀누룩의 당도를 조절하면 100% 천연 당으로도 활용할 수 있어 디저트도 만들 수 있다. 나는 쌀누룩을 활용한 다양한 발효음료를 개발하고 디저트를 만드는 일에 집중하고 있다. 나의 머릿속에는 쌀누룩에 대한 온갖 아이디어가 저장되어 있다. 쌀누룩은 너무 많은 가능성을 주고 있다.

쌀누룩요거트는 알레르기성 피부질환이 있는 사람들에게 안전한 식물성 요거트로 알려지면서 일본은 물론 호주에서도 캔 음료로 판매되고 있다. 우리나라에서도 그 효능이 알려지고 있지만 아직 이 분야에 대한 전문적인 기술과 지식을 보유하고 있는 사람이 드물다. 나는 지난 2년 동안 쌀누룩을 집요하게 연구한 결과 쌀누룩 제조 기술을 익혔을 뿐 아니라 쌀누룩과 발효의 여러 문제점을 해결하고 다양하게 활용할 방안을 제시하고 있다. 특히 해독용 음료로 활용하여 아토피 치유를 위한 클렌저 과정도 개설하였다. 강의를 수강하고자 많은 분들이 찾는다. 쌀누룩의 종주국인 일본에서도 배우고 갔다.

어떻게 이런 일이 일어나게 되었을까?

나는 한잔의 쌀누룩요거트를 들고 달콤한 맛을 음미하고 있는 중이지만 한편으로는 쌀누룩을 연구하는 사람으로서 치유효과가 있는 더 많은 발효음료를 개발하려는 책임도 갖는다. 최근에는 고혈압과 당뇨에 도움이 될 쌀누룩발효음료를 개발하였다. 쌀누룩의 효소와 재료의 약성을 살리고 음료로서 맛을 내는데 포인트를 두었다. 만성질환 치유 차 쌀누룩을 배우러 온 분께서 시음해 보고는 맛에 놀라셨다. 고혈압과 당뇨를 해결하기 위한 쌀누룩발효음료라면 또 얼마나 많은 가능성이 있을까? 누군가의 고질적인 불편함을 덜어줄 수 있다는 것은 곧 성장의 가능성이다.

아침에 눈을 뜨면 나는 쌀누룩발효음료를 한잔 마신다. 하얗게 핀 누룩의 꽃으로 내 몸의 탁한 기운이 소변으로 시원하게 빠지는 것을 볼 수 있고 개운함이 온몸으로 흐르는 것을 느낄 수 있다. 변비로 고생하는 분들은 쑥 빠지는 쾌감을 맛본다고 한다. 쌀누룩을 배워 간 아토피 아기 어머니는 아기가 많이 좋아지고 있다는 반가운 소식도 보내주셨다. 요즈음은 아토피 치유뿐만 아니라 만성질환 치유를 위해서도 찾아주는 분들이 늘어나고 있다. 의사도 해결하지 못하는 것에 대하여 쌀누룩은 가능성이 있다고 믿는 분들이다.

"수강 일을 간절하게 기다렸어요."
"쌀누룩을 이렇게 다양하게 만들 수 있으며 이로 만드는 음식의 특징을 낱낱이 비교분석 할 수 있는 분이 또 있을까요? 선생님이 세상에 유일할 겁니다. 그래서 매일매일 애탔어요. 조금만 기다리면 되겠지 했어요."

쌀누룩을 꺼내 놓았다. 쌀누룩 3종류를 선보이고 색과 당도, 맛을 비교해드렸다. 아기 엄마의 눈가에 붉은 기운이 돌더니 급기야 또르르 눈물 두 방울이 맺히는 것을 보았다. 아토피에 좋다는 온갖 것을 섭렵해보았지만 쌀누룩이 최고라고 했다. 배출에 이만한 것이 없으며 특히 아기가 너무 좋아해서 그동안 구입한 쌀누룩의 값만 해도 징그러울 정도라며 말 못 할 사

정도 털어놓았다. 그래서인지 쌀누룩을 보더니 눈물을 글썽이었다. '드디어 배울 수 있구나.' 하는 안도감 때문일까? 쌀누룩의 모든 것을 알려드렸다. 누군가가 매일매일 애태우던 것을 속 시원하게 풀어줄 수 있다는 사실이 기쁘고 또 기쁘다.

"쌀누룩보다 선생님이 보물이세요."
"제 인생의 스승님이 생긴 것 같아요."

비현실적인 칭찬을 들었다. 가르치는 사람으로서 이보다 더 큰 영광이 어디 있을까? 쌀누룩이 인생의 보물이다.

아기의 아토피 치유를 위해서 다녀간 분의 말씀을 엮어보았다. 쌀누룩이 주는 치유의 희망적 메시지를 전하려 했는데 이야기가 많이 빗나갔다.

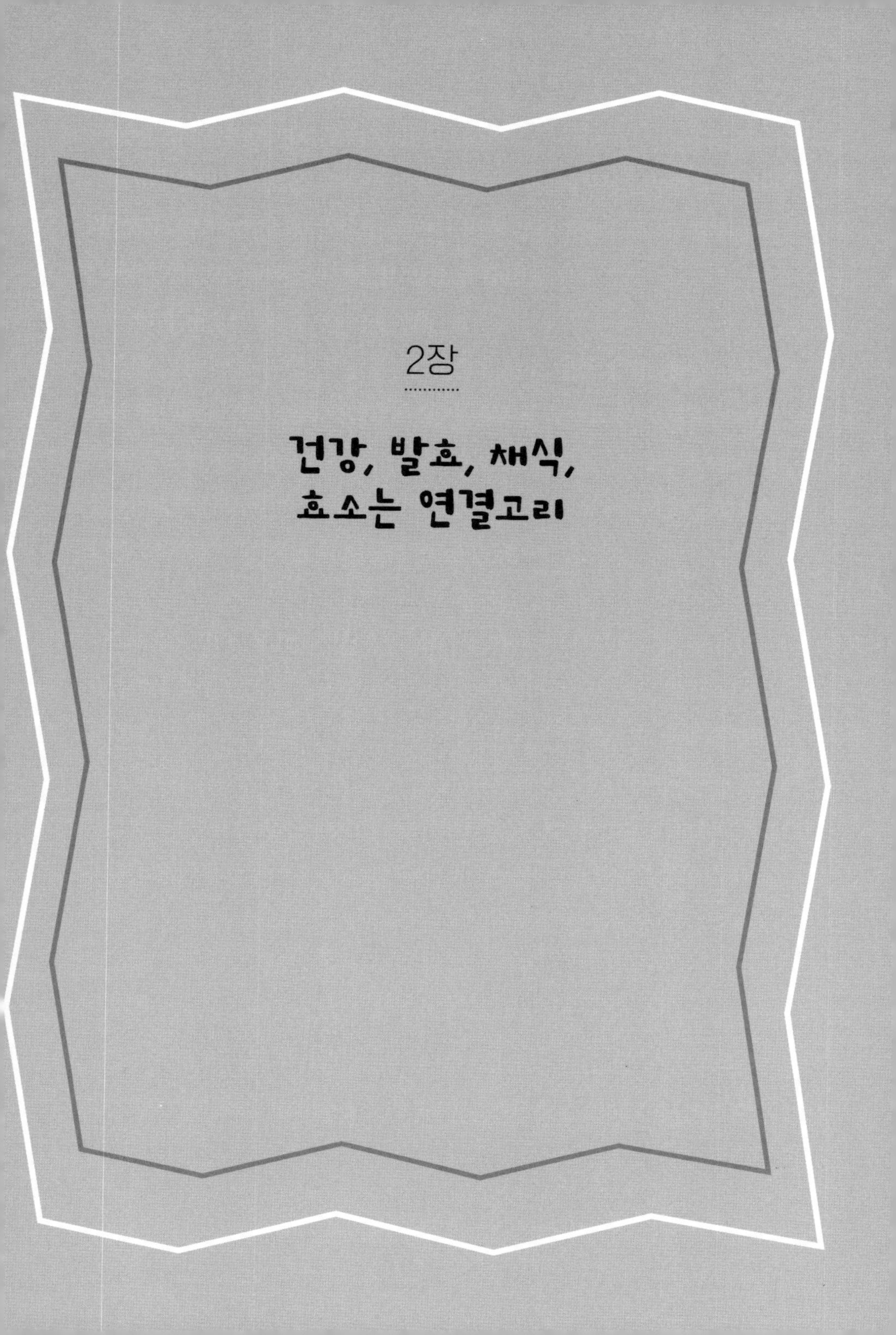

2장

건강, 발효, 채식, 효소는 연결고리

1.
유산균 슈퍼 처방, 발효식품을 먹어라

우리는 개념 정리에 약하며 무엇을 배우든 자기식으로 재정의하기를 꺼리는 경향이 있다. 산야초를 설탕과 1대 1의 비율로 우려낸 것을 남들이 효소라고 하면 반드시 효소라고 믿는다. 원재료인 산야초가 효소식품이기는 하지만 산야초 그 자체를 굳이 효소라고 강조할 수는 없다. 모름지기 효소라고 하면 미생물이 살아있는 식품, 즉 발효식품을 일컫는다. 원재료에 설탕을 동량으로 버무리면 미생물은 높은 당도에 숨이 막혀 압사하고 만다. 발효가 일어나지 않는다. 발효를 하지 않은 식품을 어떻게 효소라고 할 수 있을까?

로푸드를 공부한 이에게 로푸드에 대해 정의를 내려 보라고 하면 머뭇거리는 경우를 자주 보았다. 자기식의 개념 정리가 되지 않은 이유이다. 나 또한 배우기 위하여 이런저런 클래스를 다녀봤지만 수체청 하나만 예를 들어도 개념을 확실하게 정리해 주는 곳을 찾기 어려웠다.

예를 들어서 과일스쿼시(과즙과 과육에 설탕과 향료를 탄 과일 음료)의 경우를 보자. 스쿼시가 엄연히 사전에 있는 용어임에도 누군가 인공시럽 같은 첨가물을 듬뿍 넣어서 맛을 진하게 하고 색을 선명하게 한 수제청을 과일스쿼시라고 하면 과일스쿼시는 반드시 그런 것으로 믿어버린다. 실제 과일스쿼시는 첨가물이 듬뿍 들어간 수제청의 일종으로 통용되고 있다. 누군가 마크로비오틱(삶고 굽고 하는 등 조리법에 제한이 없어 전반적으로 효소 중심의 식단이 아니다. 효소가 죽은 음식을 치유음식으로 분류하는 데 동의할 수 없다.)을 치유음식으로 분류하거나 당절임 한 것을 효소라 일컫는다고 하자. 배우는 이들은 최소한 개념 정도는 짚어보아야 할 텐데 일러주는 대로 받아들이는 현실이 안타깝다. 건강 음식에 대한 개념조차 제대로 규명되지 않아 혼돈을 겪는 분들을 많이 보았기 때문에 안타까운 마음에서 하는 말이다. 건강에 대한 개념과 이론만큼은 핵심적 원칙에서 벗어나지 않으면 좋으련만. 설탕에 절인 음식을 효소라 믿고 치유 효과를 기대하는 분들을 바라볼 때의 내 마음이 그렇다.

발효도 마찬가지이다.

"왜 발효음식이 건강에 좋은가?" 종종 이런 질문이 던져지면 미생물이 소화와 노폐물 배출에 도움을 주며 면역력을 높여준다는 식의 두리뭉실한 답을 듣게 된다. 아니면 어려운 학술적 용어를 나열하며 설명을 한다거나. 발효에 관한 책들을 보아도 대부분 학술적인 견지의 글을 그대로 옮겨 놓은 경우가 많다. 물론 내용의 정확성이 전제되어야 하기 때문에 그럴 것이다. 그러나 이런 학술적인 내용이 발효를 처음 배우려는 분들에게 얼마나 도움이 될지 모르겠다. 발효를 모르던 시절 나는 식초를 공부한답시고 식초 책을 사다가 밑줄 그어가며 여러 번 읽었지만 지금에서야 이해되는 내용들이 많다. 이런 이유로 보아도 발효는 어렵게 느껴지고 생활에서 멀어질 수밖에 없다. 그래서 나는 이 책을 쓰면서 발효에 대해 핵심 원리를 바탕으로 쉽게 정리해 보려고 노력했다. 학술적인 용어나 개념을 나열하지는 않겠다는 뜻이다. 단 이론적 타당성을 위하여 학자들의 의견을 준거 삼아 경험적 차원에서 재정의하여 핵심을 정리할 것이다. 건강을 위해서 발효가 생활화되기를 바라는 마음이 간절하기에 '왜 발효 음식을 먹어야 하는가?'부터 풀어나갈 생각이다.

사람마다 건강을 유지하는 방식이 요리의 레시피만큼 다양하며 유행도 탄다. 최근에 방탄 커피가 다이어트에 좋다고 하자, 사우나에서 땀을 빼며 너도나도 방탄커피를 마시고 침이 마를 정도로 찬양하는 것을 들었다. 누군가 건강에 좋다고 하면 재빨리 유행을 타는 것은 그만큼 건강이 중요하다는 증거이기도 하다. 그러나 확실한 견해 없이 받아들이는 무비판적 수용 자세가 항상 나는 안타깝다. 방탄커피가 떠들썩해진 이유는 "운동 없이 매일 0.5kg씩 살이 빠지고 아이큐를 20이나 올린다!"라고 한 데이브 아스프리의 『최강의 식사』가 알려지면서이다. 데이브 아스프리는 방탄커피의 창시자이다. 그는 티베트인들이 카일라스 산 해발 5,580m 고지의 희박한 공기와 영하 23℃의 기온에서도 활기차게 생활하는 것은 야크 버터차를 마시기 때문이라는 사실을 확인하고 고안해낸 것이 방탄커피이다. 또한 "방탄커피는 운동도 하지 않고 하루 4,000㎉ 이상을 지방으로 섭취했을 때 살이 빠진 상태를 유지한다."고 주장했다. 억지로 운동을 하지 않아도 되고 좋아하는 커피를 끊지 않아도 된다. 게다가 버터를 탄 커피가 고소한 데다 마시면 저절로 살이 빠진다고 한다. 이처럼 혹할 다이어트 식품이 세상 어디에 있겠는가? 알약 한 알로 하루 1kg씩 감량해 준다는 명약이 있다고 해도 방탄커피만큼 반가울 수 없다. 그러나 사람들은 데이브 아스프리가 말한 버터가 티베트의 청정 지역에서 목초를 먹고 자란 야크의 우유로 만든 무염버터라는 사실을 까맣게 잊어버리고 그저 방탄커피만 부르짖으니 안타깝다. 과연 티베트에서 생산되는 것과 같은 양질의 버터를 쉽게 구할 수 있단 말인지, 본질에서 멀어진 것을 맹신하는 오류가 나는 항상 아쉽다. 건강에 대한 주장만큼 설왕설래하는 경우도 드물다. 누구는 옳다고 누구는 나쁘다고, 의료진들부터 다르게 주장하는 경우가 많으니 일반인들은 헷갈릴 수밖에 없다.

'왜 발효식품을 먹어야 하는가?'

용비어천가의 "뿌리가 깊은 나무는 바람에 흔들리지 않고, 샘이 깊은 물은 가뭄에 마르지 않는다."는 내용을 생각해 보자. 숲이 아름다운 건 나무가 튼튼하고 모양이 조화로워서이다. 나무가 튼튼한 건 뿌리가 건강해서이다. 그렇다면 우리의 몸의 뿌리는 어디에 해당하는 것일까?

"장에 이상이 생기면 전혀 연관성이 없어 보이는 부위에 증상이 나타나는 경우가 많다. 피부에 발진이 생기는 것이 그런 사례 가운데 하나이다. 대부분의 사람들은 피부발진을 발견하면 피부과를 찾는다. 피부발진은 눈에 보이고 손으로도 만져지기 때문에 아마도 피부과 의사는 그 부분에만 관심을 집중하면서 발진과 그에 수반되는 가려움증을 가라앉혀주는 연고를 처방해줄 것이다. 다시 말해 갈색으로 변한 잎에 녹색 페인트를 칠하는 것이다."

『CLEAN GUT』의 저자인 알레한드로 융거박사는 장과 무관해 보이는 인체조직조차 병의 원인이 장에 있다고 했다. 또한 그는 "창자벽에 있는 거대한 주름지대는 미생물이 살기에 더없이 좋은 장소이다. 한마디로 박테리아 천국이다. 장내 세균총이라고 하는 미생물 집단은 여러 가지 중요한 기능을 한다. 장내 세균총의 가장 놀라운 것은 바로 면역계를 조절하는 능력이다."라고 했다.

나는 알레한드로 융거 박사의 말에서 건강에 대한 중요한 핵심 요소 두 가지를 추출해 보았다. 첫째는 몸의 건강을 좌우하는 뿌리 역할을 하는 곳이 장이라는 사실이다. 뿌리가 건강한 나무가 튼튼하듯이 장이 건강하면 우리의 몸도 자연히 건강하다. 둘째는 장내 미생물의 구성 상태, 즉 세균의 총이 면역력의 핵심이라는 점이다. 장내 미생물집단은 크게 유익균과 유해균으로 구성된다(물론 유익균, 유해균, 기회감염균 세 부류로 나뉘기도 한다. 기회감염균은 세력이 강한 쪽으로 기울기 때문에 결론은 유익균과 유해균으로 분류하는 것이 옳다고 생각한다). 미생물의 총체가 유익균 쪽인지, 유해균 쪽인지에 따라 건강이 좌우된다고 볼 수 있다.

아토피, 또는 만성질환으로 고생하는 분들이 나를 찾아오는 이유도 병의 원인이 장에서 비롯된다는 사실을 잘 알기 때문이다. 원인을 명확히 규정하면 대책 또한 명확한 법이다. 물론 이분들은 자신의 건강을 위해서 '어떤 대책이 필요한가?'도 명확히 안다. 장 건강의 필요성을 느끼고 그 방안으로 발효음식을 찾는 것이다. 특히 쌀누룩을 배우기 위해서 나를 찾아왔다. 요컨대 우리가 발효음식을 먹어야 하는 이유는 장 건강을 위해서이며, 더 구체적으로 말하자면 장내 유익한 미생물이 많게 해주어 건강한 장 환경을 유지하자는 것이다.

질병의 근본 원인은 장에 있으며 장의 상태는 유익균으로 고칠 수 있다는 것이 최근 의학계에서도 주목하고 있는 사실이다. 유익균은 곧 유산균이다. 아토피 아이에게 물김치를 꾸준히 먹였더니 깨끗하게 완치되었다는 사례도 있다. 장 건강을 위해서 유산균을 많이 섭취하는 일은 매우 중요하다. 발효식품은 유산균의 보고이다. 따라서 발효음식을 먹어야 한다. 장 건강 측면에서 특히 쌀누룩발효음료의 직접적인 효능이 알려지고 있어 반갑다. 더불어 '아토피 아기들이 마음껏 마실 수 있는 발효음료가 무엇인가?'를 생각해 보면 가장 유용한 발효식품이 아닐 수 없다. 유산균음료라고 해서 막걸리나 식초를 아기들에게 마시게 할 수는 없다. 억지로 김칫국물을 먹일 것인가? 그렇다고 유제품으로 발효한 요거트를 먹일 수도 없다. 이 부분은 뒤에서 이야기할 것이다.

"장 점막에는 인체를 구성하는 중요한 구성원 중 하나인 미생물균총이 자리 잡고 있다. 이 미생물들은 장 관문을 관리하고 통제하는 사령부 격인 장 점막에 있는 신경세포, 면역세포들과 유대관계를 형성하며 살아가고 있다. 이러한 유익미생물들은 장 점막을 파괴하는 유해균을 억제하면서 인체가 필요로 하는 각종 물질들을 생산하고 영양물질의 흡수를 돕고 있다. 장내 미생물균총이 균형을 잃거나 파괴되는 경우 대장질환뿐만 아니라 알레르기, 암, 치매, 자가면역 질환을 일으키는 원인이 되고 있다. 심지어 비만, 당뇨 등 현대인이 앓고 있는 생활습관병 대부분이 미생물의 활동과 관련이 있다는 연구보고가 있다. 장내 생태계를 건강하게 하고 유익미생물들이 좋아하는 프락토올리고당 같은 먹이를 공급하여 장 점막을 튼튼히 해야 한다."

한형선 약사가 그의 저서 『푸드 닥터』에서 장내 유익미생물의 역할을 강조하고 먹이를 공급해야 한다고 주장한 데 대해서 나는 특별한 자극을 받았다. 앞에서도 말했듯이 발효식품은 유산균의 보고이다. 장 건강을 위해서 발효식품을 섭취하는 일은 곧 건강을 위함이다. 여기다 유산균의 먹이까지 공급해 준다면 확실한 건강법이라고 생각한다. 유산균의 먹이가 프락토올리고당과 섬유질이다. 유산균과 먹이를 동시에 공급해 줄 음식을 생각하니 마침 쌀누룩과 귀리가 떠올랐다.

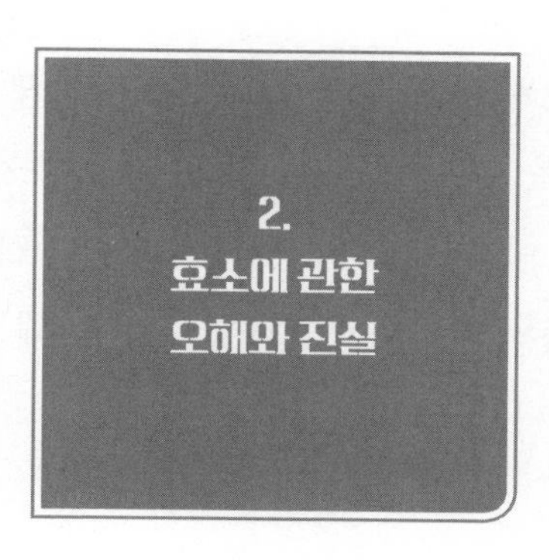

바야흐로 효소 열풍의 시대이다. 사우나에서 열심히 땀을 빼며 무엇인가를 홀짝홀짝 마시는 여인에게 물어본다.

"무엇을 그렇게 열심히 마셔요?"

"으음, 지금 다이어트 중이에요, 효소 다이어트요. 효소를 탄 물이에요."

"정말 살이 빠지던가요? 조금 먹어 볼 수 있나요?"

함께 있던 뱃살 빼기 클럽의 사우나 여인들이 호기심에 너도나도 물어본다.

효소라고 한다. 몸에 좋다는 그 효소, 나도 한 모금 얻어 마신다. 마른 약초 냄새와 함께 단맛이 난다. 약초를 설탕에 절여서 우려낸 맛, 이것이 효소인가?

의문을 던져보자. 약초의 성분을 설탕으로 충분히 우려내려면 적어도 3

개월 이상의 시간이 필요하다. 3개월 동안 부패하지 않으려면 설탕이 충분해야 방부제 역할을 한다. 그러니 설탕이 재료와 동량 또는 그 이상 들어가야 한다. 그러나 당이 재료의 50% 이상 들어가면 발효는 일어나지 않는다. 높은 당도에서는 미생물이 살아있지 않기 때문에 발효액이라고도 효소라고도 할 수 없다. 약초 당절임이다. 재료의 약성을 고려해서 굳이 설탕에 절인 약초를 효소라고 하는 데 동의할 수는 있다. 그렇다 할지라도 당절임한 과일까지 효소로 불리던 때가 있었으니 효소에 대한 관심만큼이나 누적된 오해도 많다. 더구나 나는 쌀누룩을 오로지 효소로 바라보기 때문에 효소에 대해서 언급하지 않을 수 없다. 효소에 대한 최근의 이론을 정리하여 디톡스 관점에서 살펴본다.

효소는 단백질인가?

생명체가 생명을 유지하기 위해 일으키는 각종 화학반응에서 자신은 변화하지 않으나 촉매 역할을 하는 생명물질이 효소이다. 모든 생명체는 생명을 유지하기 위한 활동의 매개체로 반드시 효소가 있어야 한다. 단세포의 미생물도 생명을 유지하기 위해서 효소를 보유하고 있다. 모든 생명은 효소에 의해 유지된다고 보아야 한다.

자, 지금 밥 한 공기를 먹었다고 하자. 가장 먼저 침 속의 아밀라아제라는 탄수화물 분해 효소가 이빨과 함께 당신이 먹은 밥알을 잘게 부수어줄 것이다. 꼭꼭 씹어 먹을수록 소화는 잘된다. 식도와 위를 거쳐 장에서 충분히 소화된 음식의 영양소는 신체의 필요한 부위에 보내져서 생명을 유지하기 위한 활동을 개시한다. 나머지 찌꺼기는 몸 밖으로 배출될 것이다. 그런데 만약 당신이 먹은 음식이 소화되지 않으면 어떻게 될까? 밥 한 공기가 분해되지 않은 채로 고스란히 장에 남아 노폐물 덩어리가 되어 푹푹 썩어가면서 당신은 연신 방귀를 뿡뿡 터뜨릴 것이다. 보리 방귀라는 말이 있지 않은가? 과식한 탄수화물 덩어리가 장에서 부글부글 뿜어내는 소리를 소화현상으로 착각할지도 모른다.

이처럼 효소는 소화를 시작으로 생명을 유지하는 모든 활동에 관여하는 필수 영양소이다. 그동안 효소는 아미노산 구조를 가진 일종의 단백질로 알려져 왔다. 지금도 대부분 그렇게 주장한다. 미국 코넬 대학의 제임스 섬너 교수와 록펠러 연구소의 존 노스롭 박사는 단백질 분해효소인 펩신과 트립신을 결정형태로 추출하는 데 성공하여 1946년 노벨 화학상을 받았다. 이때 추출한 결정체가 단백질이었기 때문에 효소를 단백질로 규정한 것이다.

그러나 최근의 자료에 의하면 효소는 21종류의 아미노산으로 구성된 단백질에 둘러싸여 있는 별개의 물질이라는 것이 밝혀졌다. 즉 효소는 단백질 껍질로 둘러 쌓여있는 생명물질로 모든 생명 활동의 촉매 역할을 한다는 것이다. 나는 여기서 '효소가 단백질이다, 아니다.'를 말하려는 것이 아니다. 다만 최근의 학설에 따라 보건대, 효소를 단백질로 오인한 데서 단백질 과잉섭취의 원인이 되지 않았나 생각한다. 다시 말해 단백질을 섭취하면 자연히 효소도 섭취할 수 있으니 3대 필수영양소(탄수화물, 지방, 단백질) 중, 유독 단백질을 많이 섭취하라는 영양학적 권고 사항에 너무 익숙해진 것은 아닐까? 동물성 단백질의 과잉섭취로 인한 분해되지 않은 단백질이야말로 장의 부패를 가속화해 만병의 원인이 된다. 실제로 피부과 의사들도 아토피 환자들에게 우유와 계란, 생선을 먹지 말라는 경고를 한다. 이는 단백질에 대한 피부의 과민 반응이 아토피라는 사실을 단적으로 말해주는 것이다. 아토피가 단백질에 대한 과민 반응이라는 점은『바른 아토피 식이요법』의 저자인 한의사 이길영의 주장으로도 확인할 수 있다. 그는 아토피가 단백질과 관련된다는 사실을 책의 첫 장에서부터 강조한다.

"최근 아토피와 대장암이 증가한 이유는 단백질이 많은 식사와 관련이 있다. 아토피가 심한데 단백질 위주의 식사를 하게 되면 가려움이 심해져 밤에 잠을 이루기가 곤란해진다."

현대인은 단백질 과다섭취로 오히려 몸이 시달리는 데도 효소가 단백질이라니… 그럼 단백질을 계속해서 꾸역꾸역 섭취해야 하는 걸까? 이 모순적 사실에도 불구하고 당신은 오늘도 다이어트를 한다며 닭 가슴살 샐러드에다 단백질 보충제까지 챙겨 먹지는 않을지? 뽑아내어야 할 제1의 노폐물인 단백질을 분해하기 위해서 또 단백질인 효소를 섭취해야 한다면 모순이 아닐 수 없다. 그러니 나는 효소는 단백질과 별개의 물질이라는 이론에 표를 던진다. 이런 사실에 동의하는 당신이라면 단백질이 가득한 닭 가슴살을 먹어야 할지, 단백질 분해효소가 가득한 파인애플식초를 마셔야 할지 판단할 수 있을 것이다.

발효액과 효소, 헷갈려서

앞에서도 지적하였듯이 설탕으로 우려낸 당절임이 발효액 또는 효소인지를 생각해 보자. 한때 마트용 식초에다 설탕 1대 1 비율로 탄 파인애플 식초가 다이어트용 음료로 유행하였다. 파인애플은 과일 중에서 단백질 분해효소가 많기로 잘 알려져 있다. 파인애플을 넣은 양념에 고기를 재워서 냉장 숙성시켰더니 고기의 살이 휴지처럼 부드럽게 변한 것을 경험했을 것이다. 파인애플에 든 '브로멜린(브로멜라인)'이라는 단백질 분해효소의 작용 때문이다. 분해되지 않는 음식물은 체내에서 노폐물로 쌓여 지방 덩어리이자 만병의 근원인 독소가 된다. 강력한 단백질 분해효소 식품인 파인애플을 유기산이 풍부한 식초에 배합하여 음료로 마신다면 강력한 효소제이자 해독제이다. 이 때문에 뱃살 잡는 귀신으로 불리며 한때 파인애플식초가 붐을 일으킨 것이다. 그러나 이 음료는 곧 얼마 가지 못해서 비난의 대상이 되었다. 이유는 식초(유기산이 부족한 시판용 식초를 사용) 자체에도 있지만 무엇보다 설탕 때문이었다. 설탕이 식초와 동량이나 들어가니 어떤 식초를 사용했는지를 떠나서 과도한 당도가 문제일 수밖에 없었다. 뱃살이 빠지는 것이 아니라 오히려 살이 찌고 혈당지수가 올라가는 부작용이 지적되었다.

미생물의 먹이는 당이다. 그러나 미생물에게는 그들이 필요로 하는 적절한 당도가 있다. 당이 부족하거나 지나쳐도 미생물은 발효를 할 수 없다. 이처럼 당도의 문제는 발효에서 매우 중요하다. 당도가 미생물의 생사를 좌우한다고 볼 수 있다. 발효의 주인공 미생물은 당도가 50% 이상이면 죽는다고 알려져 있다. 역으로 부패균들도 높은 당도에서 죽기는 마찬가지이다. 따라서 식품의 저장성을 생각하면 당도는 높을수록 좋다. 설탕이 부패균의 성장을 억제하는 방부제 역할을 하기 때문이다. 한편 설탕이 재료의 성분을 충분히 추출해내려면 재료의 수분 함량까지 고려해서 설탕이 재료와 동량 또는 그 이상 충분하게 들어가야 한다. 당연히 발효는 일어나지 않는다.

우리가 발효식품을 먹는 이유는 장 내의 유익균이자 유산균인 미생물, 곧 효소를 섭취하기 위해서이다. 미생물이 살아있어야 발효도 일어난다. 설탕이 50% 이상 들어가면 미생물은 죽고 발효는 일어나지 않는다. 그러므로 당이 재료와 동량이나 들어가는 작업의 결과로 만들어지는 식품을 효소 또는 발효액이라고 하는 것은 이치에 맞지 않는다. 물론 과일과 채소처럼 재료 자체가 효소식품이라고 해도 굳이 이를 효소라고 하지 않는다. 미생물이 살아있는 발효식품이라야 발효액이며 효소로 볼 수 있다. 부패하지 않고 재료의 성분을 충분히 추출해내기 위해서는 당이 100% 가까이 들어가야 한다. 허가 절차에서도 이런 종류의 음식을 발효가 아닌 당절임으로 분류한다. 효소에 대한 오해가 많기에 나는 단백질과 당절임을 예로 설명했다. 효소라고 믿는 음식이 오히려 독소가 되지 않을까? 하는 염려에서이다.

디톡스, 즉 해독은 효소를 빼고 말할 수 없다. 모름지기 건강은 효소로부터 비롯되므로 효소를 제대로 알고 이해하는 것은 건강을 유지하기 위해서 필수이다. 우리 몸의 파수꾼이라 할 효소enzyme는 기본적으로 소화흡수, 분해배출, 해독살균, 혈액정화, 세포부활, 면역력 증진 등 생명활동에 직접 작용하는 중요한 역할을 한다. 효소는 체내에서 만들어지는 잠재효소와 음식물을 섭취함으로 얻어지는 식품효소로 구분된다. 잠재효소(체내효소)는 다시 소화효소와 대사효소로 나뉜다. 체내에서 생성되거나 보유하고 있는 잠재효소의 양은 유전적 성향에 달려있으므로 우리는 이에 간여할 자격이 아예 없다. 그러므로 식품을 통해서라도 체내의 소화효소를 보충해 주어야 한다. 동시에 전반적으로 소화효소를 아껴주는 생활을 해야 한다. 건강을 염려하는 사람이라면 이는 자신의 의지와 노력으로 가능한 일이다.

체내효소(잠재효소)	체외효소(식품효소)
소화효소 (부족하면 대사효소를 끌어다 보충)	생채소와 과일 발효식품
대사효소 (생명을 유지하는 데 사용)	
몸에서 만들어 냄	식품을 통해서 섭취

효소는 보통 50℃ 전후의 열에 의해 거의 파괴된다고 한다. 그래서 그 이하의 열로 조리하거나 아예 열을 가하지 않은 식품이 로푸드이다. 요컨대 효소가 살아있는 식품이다. 흔히들 생채소와 과일로 모양을 내어 서양식 소스를 사용하는 다양한 형태의 음식을 일컬어 '로푸드'라고 하지만 효소라고 하면 역시 발효식품을 뺄 수 없다. 나는 효소를 핵심으로 로푸드와 발효를 결합하여 로푸드생활발효라 하고 해독 위주의 프로그램을 고안하였다. 디톡스와 다이어트 차원을 넘어서 아토피, 만성질환의 자가 치유를 위해서도 많은 분들이 내가 제안하는 로푸드와 발효식품으로 구성한 프로그램을 경험하고자 나를 찾는다. 이분들은 자신의 질환을 치유하기 위해서 효소가 살아있는 음식의 필요성을 절실히 느끼며 특히 쌀누룩의 효능을 잘 안다. 나는 디톡스를 위한 효소식품으로 쌀누룩발효음료를 으뜸으로 여기는 사람으로서 쌀누룩의 효소를 듬뿍 섭취하기 위해서는 소금이나 젓갈 같은 조미용보다는 음료로 활용하기를 권장한다.

디톡스 이론 수업 때면 나는 언제나 해독과 보원解毒補元의 원리로 접근한다. 체내의 독소부터 먼저 배출시켜 준 다음 필요한 영양소를 채워주면 해독은 물론 치유효과도 높다.

'해독 먼저 하고 필수 영양소를 채워야 한다.'

독소배출과 만성질환 치유를 위한 그 어떤 프로그램도 이 범주에서 벗어나지 않는다. 건강에 대한 온갖 정보와 치유 방법이 넘쳐나는 현실이지만 따지고 보면 모두 원리는 해독과 보원이다. 방법적 차이가 있을 뿐 원리는 같다. 다이어트, 당뇨, 고혈압, 알레르기, 심지어 암도 해독이 답이라는 사실을 부정할 사람은 없다. 해독 후 보원에 건강이 달려있다는 이 단순한 사실을 믿어야 한다. 그러면 해독과 보원의 대상은 무엇인가? 특히 효소의 중요성을 지적하기 위해서라도 영양소의 측면에서 살펴볼 필요가 있다.

우리 몸이 필요로 하는 영양소는 크게 9가지이다. 탄수화물, 지방, 단백질, 그리고 비타민, 미네랄, 섬유질, 파이토케미컬, 물과 효소이다. 이들 9대 영양소 중 노폐물과 독소의 원인이 되는 것은 다름 아닌 3대 영양소인 탄수화물과 지방, 단백질이다. 현대의 음식은 3대 영양소가 지나치게 많아 필요 이상으로 섭취하게 되므로 오히려 독소의 원인이 되어 버렸다. 결과적으로 우리 몸에 점점 쌓여가는 노폐물과 독소는 3대 영양소의 분해되지 않은 찌꺼기들이다. 과잉 섭취한 3대 영양소야말로 해독의 대상이다. 당연히 이들 음식의 섭취는 줄이고 쌓여있는 독소는 배출해야 한다. 그러나 나머지 영양소들은 우리가 음식을 통해서 꼭 채워야 할 필수영양소들이다. 물론 나의 이런 주장은 대체의학자나 건강전문가들의 보편적 견해를 따르는 것이다. 나는 영양학자도 의사도 아니지만 건강 관련 서적을 통해서 부단히 공부하고 정리한 지식을 바탕으로 음식을 만들어 내가 먼저 경험하였다. 보편적 이론과 체험한 결과를 바탕으로 디톡스 프로그램을 개발하고 실제 아토피를 비롯한 만성질환 개선까지 돕고 있다. 내가 주장하는 내용들은 보편적 이론과 경험에 근거하고 있음을 밝힌다.

흔히들 신진대사를 원활히 하기 위해 하루 2리터의 물을 마셔야 한다는 지식을 갖고 있다. 그러나 『공복 워킹』의 저자인 이시하라 유미 박사는 지나친 수분 섭취는 몸을 차게 하고 혈액을 혼탁하게 하므로 오히려 독이 되어 건강상 많은 문제를 일으킨다고 지적하였다. 실례로 나는 주스로 클렌즈(디톡스라는 말이 아무래도 신경이 쓰인다.)를 할 경우, 하루 1리터 내외의 물을 마실 것을 제안하는데 이런 사실조차 이론적 근거에 의해서이다. 과채착즙주스의 수분량을 고려하면 클렌즈 기간 하루 물 2리터 섭취는 지나치다. "마시고 싶지 않은 물을 하루에 2리터나 마시라니, 이런 건강법을 어떻게 상식이라는 이름으로 권할 수 있겠는가?"

만약 내가 이런 말을 하였다면 분명히 정신 이상자로 취급당했을 터이지만 다행히 이시하라 유미 박사가 한 말이니 안도의 숨을 쉴 수 있다. 한편 효소 영양학의 1인자로 손꼽히는 쓰루미 다카후미는 "효소는 물이 없으면 일을 하지 못하며 물의 질이 나쁘면 정상적인 활동을 하지 못한다. 효소가 제대로 일을 하려면 매일 1ℓ 이상의 질 좋은 물을 마셔야 한다."며 양질의 물을 하루 1ℓ 이상 마실 것을 권장한다. 그는 또한 "효소는 미네랄과 비타민 없이는 활성화되지 않는다. 비타민과 미네랄의 중요성이 강조되고 있지만 효소가 두목이고 이들은 보조자이므로 부하이다."라고 하였다. 물도 효소가 활동하기 위해서 필요하다는 사실, 그렇다고 지나치게 많이 마시거나 아무 물이나 벌컥 마셔대면 오히려 독이 된다는 점은 기억해 두자. 게다가 비타민과 미네랄도 효소의 활성화를 돕는 영양소라고 하니 과연 효소는 영양소의 두목이다.

효소가 부족하면 어떤 증세가 나타날까?

당에 대한 염려가 지적되고 난 이후부터는 산야초를 설탕에 절여서 그 성분을 추출한 것을 효소라고 한다. 한때는 과일을 설탕에 절인 것도 효소라고 하였다. 용어의 적합성 여부를 떠나 그만큼 효소의 중요성이 부각되고 있음을 알 수 있다.

'효소가 부족하면 어떤 증세가 나타날까?'

일차적으로 음식물의 소화흡수, 노폐물의 분해배출이 어려워지므로 체내에 독소가 쌓여서 신체적으로 여러 고질적인 불편 사항을 겪게 된다. 효소가 부족하다는 사실은 곧 자신의 체내에 독소가 많다는 뜻이기도 하다. 효소 부족으로 나타나는 증세에 대해서는 건강 관련 책들마다 거의 공통으로 다루고 있으며 그 내용도 일치한다. 효소를 강조하며 건강 생활의 지표로 삼기 위해서 여러 책의 내용을 분류해서 정리해 보았다. 자신과 관련한 증세가 몇 개나 되는지 헤아려 보고 효소를 아끼고 보충하는 식생활을 할 수 있기 바란다.

효소 자가 진단표

분류	항목
소화와 체중	•소화가 잘되지 않는다. •트림이 잦고 잘 체한다. •명치 주변이 아프고 쓰리다. •살이 잘 빠지지 않는다. •체중이 급격히 증가한다. •달고 짠 음식, 밀가루 음식, 유제품, 탄산음료가 심하게 당긴다.
피부	•뾰루지가 자주 난다. •두드러기, 발진, 여드름, 알레르기, 가려움증이 있다. •기미가 생긴다. •피부가 칙칙하고 푸석하다. •상처가 잘 낫지 않는다.
통증	•생리불순, 생리통이 심하다. •머리가 무겁고 두통이 잦다. •신체 각 부위에 통증이 있다.
장의 문제	•변비가 심하고 설사도 잦다. •배가 더부룩하고 가스가 찬다. •방귀나 변의 냄새가 지독하다.
정서	•차분하지 못하다. •불안하고 초조하다. •쉽게 화를 낸다. •감정 기복이 심하다. •스트레스를 심하게 받는다.
피곤과 무기력	•만성적인 피로감이 있다. •쉽게 피곤하고 나른하다. •집중력이 떨어지고 건망증이 심하다. •점심 후 졸음이 쏟아진다. •숙면을 하기 힘들다.
이목구비	•눈이 탁하고 자주 충혈되며 가렵다. •이명 증세가 있다. •나이에 비해 흰머리가 많다. •입술과 잇몸이 잘 붓는다. •혀가 희다. •다크서클이 잘 생긴다.
배설 문제	•소변이 시원하지 않다. •소변 냄새가 심하고 색이 탁하다. •자는 동안에도 땀을 많이 흘린다.
순환 장애	•손발이 차고 저린다. •손발, 다리가 자주 붓는다. •정상체온이 35도대이다.
기타	•재채기와 콧물이 심하다. •코가 잘 막힌다. •기침이 심하고 목이 잘 붓는다. •감기가 잦고 잘 회복되지 않는다. •과로, 과음 후 회복이 느리다.

▷▶ 선언하기: 나는 효소가 부족하여 독소가 많다. 어떻게 해야 하는가?

4.
만병의 뿌리는 독소, 효소가 중요한 까닭

나는 현재 다이어트와 클렌즈 프로그램, 발효를 바탕으로 하는 각종 음료가 포함된 건강카페 창업지도를 하고 있다. 약 30여 년 가까이 교직에서 학생들을 가르치던 사람이, 그도 식품영양학을 전공한 가정과 교사가 아니라 사회교사였던 사람이 도대체 어떤 연유로 디톡스 이론을 강의하고 이와 관련한 기술 지도를 하며 창업으로까지 연결하고 있을까? 전국을 비롯하여 해외에서까지 많은 분들이 찾아오는데 과연 어떤 이력과 경험이 있기 때문인지… 나는 여기서 퇴직 후 내가 불과 몇 년 만에 창업지도하는 선생으로 알려지게 된 까닭을 말하려는 것이 아니다. 퇴직자의 인생 2막 콘텐츠가 되었고 현재의 나로 성장하게 만든 원동력이 무엇인가? 그 구체적인 연결고리에 대해 말하려는 것이다. 그것은 곧 발효이며 더 좁혀 보면 쌀누룩이라는 것을 강조하기 위해서이다. 인생을 바꿔 놓을 만큼 중요한 요인이 된 것이 로푸드와 발효, 특히 디톡스와 쌀누룩의 접목이다.

나는 먹으면 살이 찌는 체질이다. 그런 탓에 평생 비만으로 살아왔으며 40대 중반에 들어서자 몸은 온갖 통증으로 병의 신호를 보내왔다. 비만으로 탁해진 내 몸의 상태가 어디서 비롯되었는지, 돌아보니 곧 효소의 문제였다. 몸이 즐겁게 살찌는 동안 나는 효소를 낭비하다 못해 고갈시키는 생활을 해왔던 것이다. 과도하게 쌓아온 동물성 단백질과 기름기가 몸을 망친 요인이었다. 고단백질과 고지방의 영양 덩어리를 분해하기 위해서 효소가 얼마나 낭비되었을지, 모든 병통의 원인은 동물성 음식의 과잉섭취로 인한 효소의 낭비에서 비롯되었다. 통증에 시달리며 살을 빼야겠다고 시작하였던 다이어트가 디톡스로 이어졌고 디톡스에 대해 공부를 하다 보니 결국 효소를 탐구하게 되었다. 나아가 효소 음식을 찾으며 자연스레 로푸드와 발효에 관심을 두었다. 건강의 핵심은 효소의 문제에 달려있다는 결론에 이르면서다.

나는 내 뱃속을 기름지게 채워온 것보다 주부로서 가족의 식습관을 파괴해온 죄의식으로 마음이 더 무겁다. 아침부터 고기를 찾고 기름기가 없으면 밥상 보기를 돌처럼 생각하는 자식들의 식습관도 내게서 비롯된 것이다. 앞으로 아들과 딸이 치러야 할 몸과의 전쟁이 두렵기도 하다. 지난 시절을 돌아 보건대 직장 생활로 바쁘다는 핑계로 나는 일주일에 삼일 정도는 반찬을 사다 나르고 인스턴트 음식을 즐겨 식탁에 내놓았다. 주말이면 거의 두 끼는 외식으로 해결했다. 외식 메뉴로 보리밥을 찾을 이유가 없으니 삼겹살이 물리면 마블링이 두꺼운 소등심구이나 생선회를 먹었다. 식후에 마시는 밀크커피는 한 잔의 소화제였다. 단백질과 지방으로 배를 든든히 채우면 정신도 포만감으로 채워졌다. 육식은 달콤하고 기름지다. 기름의 맛에 입을 길들였으니 뱃살은 손으로 잡히지 않을 만큼 두둑해지고 심지어 볼일을 보고 난 뒤 더 이상 팔을 돌려서 뒤처리하는 일도 불가능해졌다. 온몸이 물렁살로 출렁거렸다. 채소 위주의 식사는 더 늙으면 할 일이거나 일종의 종교적인 신념으로 받아들여야 하는 것으로 생각을 몰았다. 배부른 생활이 곧 행복이라고 믿었던 시절이었다.

몸은 정직했다. 40대 중반에 들어서자 온갖 통증의 소리를 내기 시작했다. 두통으로 일주일이 멀다고 게보린을 두 알씩 삼켰다. 방금 읽은 책의 주인공 이름이 생각나지 않는다. 자신이 누구인지 모를 말년의 처참한 상황이 염려될 정도이다. 소화력도 급격히 떨어졌다. 두통약에 위장약까지, 약의 개수가 날이 갈수록 늘어났다. 새벽엔 바늘 끝으로 팔과 다리를 찌르는 듯 비정상적인 통증이 스쳤고 일어나면 퉁퉁 부었다. 필시 혈관에 문제가 있다고 생각했다. 무엇보다 가장 큰 문제는 허리와 무릎의 통증이었고 당장 생활이 불편할 정도였다. 시리고 따가운 허리 통증으로 퇴행성척추디스크 초기라는 진단을 받았다. 당시만 해도 나는 비만으로 쌓인 지방 덩어리가 독소이며 통증의 주원인이라는 사실은 몰랐다. 그나마 더 큰 위기 상황이 아닌 것이 다행이었다. 퇴행성척추디스크 진료확인서(퇴행성이라니? 약도 없다.) 덕분에 살을 빼야 한다고 모질게 마음을 먹는 계기가 되었다. 항상 그렇지만 다이어트는 음식 절제라는 과제와 대면해야 하니 허풍스러울지 몰라도 인류적 차원에서 풀어야 할 심각한 과제가 아닐 수 없다.

"기름진 음식에 과식까지 한다면 출세가도에 있다가도 비명횡사하거나, 출셋길이 갑자기 끊어져 집도 절도 없는 신세로 전락합니다. 이때는 주위의 친한 사람들마저 하나둘 떠나고, 한번 병에 걸리면 길게 앓아눕습니다."

한 번씩 미즈노 남보쿠가 『절제의 성공학』에서 한 말을 생각하면 오싹해진다. 생각해 보면 나는 분명히 비명횡사할 운명이다. 그동안 나의 식습관에 얼마나 많은 문제가 있었으며 소화효소를 낭비하는 생활을 했었는지, 반성적 자료로 활용하고자 나의 식습관을 분석해 본다.

1. 먹는 속도가 굉장히 빠르다. 나는 꿀꺽 삼키기 선수이다. 자연히 많이 먹게 된다.
2. 국물 요리를 좋아한다. 그리고 항상 국물에 소금을 더 넣어 매우 짜게 먹고 어떤 경우에도 국물은 한 방울도 남기지 않는다. 특히 컵라면의 국물을 유달리 좋아한다.
3. 고기와 생선은 식탁에서 빠트리지 않는다. 죄책감이 들어도 고기는 꼭 장바구니에 담는다. 된장도 기름이 둥둥 뜨는 차돌박이로 끓인다.
4. 금요일 밤엔 야식을 꼭 챙겨 먹는다. 치킨과 맥주, 문어숙회에 얼음 동동 띄운 막걸리는 야식의 환상 복식조이다. 간장과 마늘 향이 살짝 나는 닭껍질은 또 얼마나 좋아하는지.
5. 간식을 먹지 않으면 입이 허전하다. 마늘바게트, 야채크래커, 오징어땅콩 등 짭조름한 밀가루에는 빅사이즈 아이스아메리카노가 제 짝이다.

적어놓고 보니 하나같이 문제투성이 식습관이다. 불건전한 식도락이 취미라고 해야 하겠다. 정리하자면 나의 식생활은 고탄수화물, 고단백질, 고지방으로 일관된다. 과식은 물론이며 밀가루와 짠 음식에다 각종 첨가물이 들어간 음식을 좋아한다. 유감스럽게도 야식까지 합세를 하니 나의 모든 식습관은 온통 몸을 탁하게 하는 것들이다. 특히 고질적인 병폐는 국물에다 후루룩 밥을 말아 먹는 버릇이다. 제대로 씹지 않은 음식은 입안에 잔뜩 고여 있던 아밀라아제가 힘을 쓸 겨를도 없이 위로 내려간다. 국물과 함께 잽싸게 미끄러져 들어온 음식은 위에서도 녹일 수 없으니 그대로 소화기관인 소장에 쌓인다. 소장의 미생물효소들도 그 많은 음식 잔해들을 분자 단위로 쪼개기에는 역부족이다. 특히 단백질 덩어리들은 미생물효소가 분해하기 가장 꺼리는 난해한 영양소이다. 소화효소를 죄다 집중하여 투입하고 대사효소를 끌어와 힘을 보태어도 분해하기엔 역부족(단백질은 모든 음식 중에서 가장 복잡한 물질이다. 그것을 소화시키고 몸속에서 몸 밖으로 배출하는 과정 또한 가장 복잡하다. -『다이어트 불변의 법칙』 하비 다이아몬드)이다. 결국 장에는 분해되지 않는 음식물 찌꺼기들이 모여 북새통을 이루며 부패의 길로 접어들 수밖에 없다. 자연히 장의 환경은 불건전해지고 이렇게 변한 장은 유해균의 서식지로 안성맞춤이다. 유해균이 장벽을 갉아댄다. 분해되지 않은 찌꺼기들이 느슨해진 장벽을 뚫고 나와서 혈액을 타고 온몸에 흐른다. 자연히 혈액이 탁해진다. 곧 고혈압과 당뇨로 나아가는 지름길이다. 어쩌면 암이라는 세포 돌연변이의 치명적인 결과도 예상된다.

내가 먹는 음식과 식습관을 주제로 한 편의 드라마 각본을 써보니 이렇다. 병으로 귀결되는 일련의 모든 과정은 곧 소화효소의 문제로 압축할 수 있다. 이는 곧 즐겨 먹는 음식물과 식습관이 어떠한가에 달려있다. 따지고 보면 만병의 근원은 먹는 음식물과 식습관에서 비롯된다는 사실이다. 건강의 핵심은 소화효소를 아껴주고 보충해 주는 식생활 유지에 달려있다.

40대부터는 효소 보유량이 급격하게 줄어들고 생성력도 떨어진다. 효소가 부족하면 소화 분해되지 않는 음식의 찌꺼기는 체내에 노폐물로 쌓여 독소로 변하고 신체 각 부위에 통증과 고혈압, 당뇨 같은 만성질환을 생기게 한다. 몸에서 일어나는 모든 문제의 상황은 효소에서 비롯되며 해결의 답 역시 효소에 달려있다. 효소에 관한 문제는 식습관으로서 풀어야 한다. 해독전문 한의사 조병준은 그의 저서 『다이어트, 당뇨, 알레르기, 암도 해독이 답이다』에서 심지어 이렇게 말한다.

"환자들에게 체질분류를 해달라는 요청을 많이 받는데 체질에 따라 좋다는 음식을 선택하여 식생활을 하는 것이 좋지 않겠는가 하는 의도가 있는 걸로 판단된다. 그러나 체질분류에 따른 음식분류는 여러 가지 문제를 야기할 수 있다. 필자는 그런 분들에게 효소가 많은 음식이 좋은 음식이고 효소가 적은 음식이 좋지 않은 음식이니 잘 선별하여 드시라고 권한다."

한의학에서는 주로 체질에 따른 음식 섭취를 권장한다. 그러나 조병준은 한의사로서 건강의 핵심은 효소이며 효소를 낭비하지 않는 생활을 하는 것이 건강의 지름길이라는 입장을 조심스럽게 피력하고 있다. 한편 그는 발효음식은 효소의 낭비를 줄여주며 동시에 소화, 흡수, 배설을 도와 해독 능력을 향상시키기도 한다며 건강의 해답을 '효소와 발효음식'에서 찾는데 이는 상당히 고무적이다.

2013년도부터 나는 본격적인 다이어트를 시작하면서 해독에 눈을 뜨게 되었다. 특별한 프로그램도 체험하였으며, 건강 서적을 통해서 습득한 지식으로 해독음식을 만들어 먹었다. 덕분에 몸이 가벼워지고 고통스럽던 여러 가지 통증들이 떨어져 나갔으며 약도 찾지 않았다. 심하던 허리 통증도 사라졌다. 달고 살았던 만성적인 불편함이 거의 사라지고 나서야 나는 쌓여있던 노폐물 덩어리들이 통증의 주범이었다는 사실을 인정하게 되었다. 특히 만병의 뿌리는 장에 있음을 알고 클린 거트(장청소)에 관심을 두고 이와 관련한 프로그램과 도움이 될 음식을 찾아서 체계를 잡아왔다. 그런 과정이 지금 내가 하는 일의 바탕이 되었다.

더 나아가 효소의 관점에서 쌀누룩의 가치를 찾고, 이를 해독용 음료로 활용하기 위해 부단히 연구해왔다. 결국 아토피 아기들이 마음 놓고 마실 수 있는 음료가 쌀누룩발효음료임을 알게 되었고, 이보다 더 활력 있는 효소 음식을 나는 기대하기 어렵다는 판단에 이르렀다.

5.
막걸리, 콤부차도 카페메뉴, 효소 듬뿍 발효음료

건강의 키워드는 효소이다. 효소를 섭취할 수 있는 음식은 무엇인가? 효소를 생각하면 생채소와 과일이 주이겠지만 발효음식을 빼놓을 수 없다. 발효음료를 대중화의 관점에서 바라보면 막걸리도 얼마든지 카페음료로 활용할 수 있다. 막걸리를 스무디 형태의 음료로 만들어 내는 막걸리카페를 생각할 수 있다. 막걸리로 디저트도 만들 수 있다. 영역을 더 넓히면 식초와 콤부차, 쌀누룩을 활용한 발효음료가 있는 발효카페라든가 누룩공방카페도 만들 수 있다. 나는 발효를 카페 음료로 끌어들여 발효계의 블루오션을 찾은 셈이다. 발효의 고수들마저 핵심 이론을 배워가고 발효음료의 기법을 배워가고 있다.

발효음료가 생활음료로 활용될 수 있어야 한다는 것이 나의 생각이다. 효소가 살아있는 발효음료는 해독용으로 더 가치가 크지만 맛있게 만들어서 카페음료로 활용하면 커피만으로 경쟁력을 잃어가는 카페에 소생의 기운도 줄 수 있다. 발효음료를 쉽게 만들어 맛있게 활용하자는 것이 생활발효이고 발효 대중화의 길이다. 그러면 카페에서도 활용할 수 있는 발효음료에는 어떤 것이 있을까? 식초는 다음 기회에 자세히 다룰 수 있기를 바라며 이 책에서는 막걸리와 콤부차에 대해서 간략하게 소개하고 그 활용법을 살펴보기로 한다. 물론 아토피 아기들이 마음 놓고 마실 수 있는 쌀누룩발효음료에 대해서는 다음 장에서 집중적으로 다룰 것이다.

막걸리 너는 누구니?

"막걸리는 얼마나 소박한지, 하얀 대접에 콸콸 한 잔 따라서 새끼손가락으로 휘익 저어 마시면 벌떡벌떡 잘도 넘어간다. 안주는 멸치조림이나 김치 한 조각만 있어도 되고 바싹하게 구운 부침개라도 있으면 흥이 절로 난다. 소박한 식탁의 소박한 음식, 소탈한 삶의 소소한 재미, 그런 것들을 놓치지 않고 살게 되어 좋다. 욕심내지 않고 사는 법을 알게 된 것이다. 어느 날 삶이 갑자기 변하고 예전만큼 풍족하지 못하다 해도, 눈을 돌리고 생각을 바꾸니 그동안 몰라서 놓치고 살았던 것들이 삶에 소소한 재미를 주지 않던가? 지금 내 삶이 그렇다. 누룩으로 만드는 술, 막걸리의 맛, 술지게미 팩의 효과 같은 것들의 가치에 눈을 뜨다니, 작지만 순수한 것들을 바라보는 마음의 눈이 깊어졌다."

나는 첫 책, 『퇴직하길 잘했어』에서 막걸리 한 사발을 앞에 놓고 온갖 잡담을 늘어 보았다. 막걸리도 건강을 위한 음료의 관점에서 바라보아야 한다는 것이 나의 주장이다. 특히 생막걸리와 술지게미에는 유산균이 살아있어 장 건강에 좋다. 막걸리 스무디 한 잔에 유산균이 넘쳐난다. 굳이 유산균 캡슐을 따로 챙겨 먹지 않아도 된다. 술을 거르고 난 지게미는 인삼이나 대추 등의 약재를 넣고 끓여서 으슬으슬 한기가 들 때 마시면 감기 처방약이다. 막걸리의 찌꺼기가 보약도 되는 이 음료가 모주이다. 유럽인들이 마시는 뱅쇼도 와인에 약성이 있는 허브를 넣고 달인 음료이다. 막걸리도 술의 고정관념을 버리고 다양한 형태의 건강음료로 활용해야 한다. 특히 시판용 막걸리에는 아스파탐, 페닐알라닌, 구연산 등의 다양한 첨가물이 함유되어 있다. 첨가물은 독소의 원인이다. 막걸리는 만들어 먹으면 유산균 음료이고 보약이다. 조상의 건강 비결이 한잔의 막걸리에 담겨있다. 미생물이 뽀글거리며 자라는 것을 지켜보면 오묘한 기쁨마저 느낄 수 있다. 이 소소한 재미를 모른다면 막걸리 만드는 일, 그다지 어렵지 않으니 만들어 보는 것은 어떨까? 예스러움을 받아들이고 즐기면 그 투박함이 투명한 유리잔에 따라 마시는 고급 와인보다도 멋스럽다.

막걸리 빚기 한눈에 들여다보기

기본 재료	• 찹쌀막걸리: 찹쌀 1㎏, 누룩 200g, 물 1.5~2ℓ • 포도막걸리: 찹쌀 1.5㎏, 포도 700g, 누룩 300g, 물 1.8ℓ
술 빚기 전	1. 찹쌀을 백세 한다. (* 백세는 백번을 씻어야 할 만큼 깨끗이 씻는다는 뜻이다.) 2. 8~10시간 불린다. 3. 소쿠리에 밭쳐 30~40분 정도 물기를 뺀다.
고두밥 찌기	고두밥이 아니라도 된다. 죽, 구멍떡, 인절미, 백설기, 범벅, 식은 밥도 무방하다. 물론 술의 빛과 맛, 향에 차이가 있다. 고두밥으로 빚은 술은 비교적 맑고 깨끗하며 알코올도수가 높은 편이다. ▷▶ 고두밥 찌기 위의 것을 불려서 물기를 뺀 찹쌀을 물을 넉넉히 부은 찜기에 얹어서 강한 불로 찐다. 찌는 시간은 1시간 이내이나 각 가정의 취사도구에 맞춘다. 누룩을 미리 물에 불려 놓는다.
버무리기	고두밥이 식으면 불린 누룩과 물을 넣고 꼭꼭 주무르듯 버무린다.
발효하기	1. 소독한 항아리에 넣는다(효모가 자라는 과정을 볼 수 있는 투명한 용기가 좋다). 2. 처음 이틀은 호기성 발효이다. 아침저녁으로 저어준다. 3. 이후 효모는 혐기성 발효를 한다. 가스가 차지 않을 정도의 범위에서 뚜껑을 꼭 닫고 발효하는 과정을 지켜본다. 4. 발효가 끝날 때까지는 보통 7일 정도 소요된다. ▶ 발효온도는 25℃~28℃가 좋다. 30℃ 이상으로 온도가 올라가면 부패하기 쉽다. 효모는 추운 곳에서도 발효를 한다. 발효 속도가 느리다는 단점이 있지만 저온에서 발효한 술의 맛이 더 좋다. 높은 온도만 피하면 된다.
보관 및 시음	1. 발효가 끝나면 술을 거른다. '막 걸렀다.'고 해서 막걸리라고 한다. 탁주와는 다른 개념이다. 전통주 중 걸쭉한 이화주도 탁주이므로 막걸리는 탁주의 한 종류이다. 2. 보통 알코올 농도 12~13%의 술이 된다. 시판용 막걸리는 주로 알코올 농도 6%이므로 이에 비해서 처음 먹는 분들은 도수가 세다고 느껴진다. 제대로 발효된 술은 숙취가 없다. 3. 보관 용기에 담아서 냉장 보관하여 마신다. 몇 번 더 거르면 청주이다. 과일 주스에 타면 과일 막걸리이다. 딸기청에 막걸리를 타서 마셔보길.

콤부차(Kombucha), 넌 또 뭐니?

콤부차는 콤부, 또는 스코비라고 하는 일종의 초막덩어리를 배양한 발효액이다. 주로 홍차에 배양하므로 홍차버섯발효액이라고도 한다. 콤부는 발효과정에서 박테리아와 효모 등의 균사체가 뭉쳐져 배양된 유기산 생균의 결집체인 셀룰로스 막이다. 그 모양이 버섯과 비슷하므로 홍차버섯이라고도 하며 버섯 이[栮]를 붙여 애칭으로 홍이라고도 한다. 이를 배양한 발효액의 효능이 놀라울 만큼 뛰어나다고 하여 호주에서는 미라클 머쉬룸, 즉 기적의 버섯이라고 한다. 콤부차로 불리게 된 것은 조선의 공부[孔賦]라는 한 의학자가 일본에 소개하여 전파되는 과정에서 일본인들이 그의 이름을 따서 곰부차로 부른 데서 유래했다는 설이 있다. 우리나라에서는 정주영 회장이 살아생전 즐겨 마셨기 때문에 정주영 차로도 알려져 있는데 세계인이 가장 보편적으로 마시는 발효음료이다. 세계적으로 콤부차가 주목을 받게 된 것은 장수 지역인 바이칼호수 주변의 사람들에게서 고혈압, 심장병, 암과 같은 만성질환이 없는 이유를 찾다가 그들이 바로 홍차버섯발효액(콤부차)을 마신다는 게 밝혀졌기 때문이다.

일본 사또대학의 사카모토 마사요시 교수가 그의 논문에서 '홍차버섯이 유산균과 효모 등 몇 종류의 균이 효율적으로 작용하는 아주 뛰어난 건강음료'라고 하였듯이 홍차버섯발효액에는 유산균, 프로바이오틱스와 같은 유익균과 유기산, 식이섬유가 많다. 이 때문에 변비에 도움이 되며 특히 장내의 독소를 배출하는 효과가 크다. 레이건 대통령도 암 수술 후에 장 건강을 위해서 마셨고 가수 마돈나도 다이어트를 위해서 즐겨 마신다고 알려져 있다. 나도 런던의 카페에서 균사체가 살아있는 콤부차 한 병을 사 마시고는 그 날 밤 호텔에서 여행자의 고질적 병폐인 변비를 시원하게 해결한 경험이 있다. 당신이 마시고 있는 콤부차에 균사체가 살아있는지 확인하시라. 살균처리 한 빈 껍데기 콤부차를 마시지는 않는지? 과립형으로 포장된 콤부차에도 균사체가 살아있을지? 발효음식에서 미생물의 생사를 따져볼 필요가 있다.

콤부(SCOBY)와 콤부차(홍차버섯발효액) 배양하기

콤부, 즉 홍차버섯Symbolic culture of Bacteria and Yeast은 박테리아와 효모균의 집합체로 배양이 쉽다. 콤부차(홍차버섯발효액) 원액만으로도 새 콤부가 만들어진다. 식초에 비해 발효조건이 까다롭지 않고 하나의 콤부와 소량의 원액만 있으면 쉽게 배양할 수 있다. 개체 수와 발효액의 양을 기하급수적으로 늘려갈 수 있다. 증식 양이 너무 많아서 오히려 귀찮을 지경이다. 보통 7일 정도면 새로운 콤부가 자란다. 이때부터 분리해서 계속 배양해 나가야 하는데 그대로 두면 새로 생긴 콤부끼리 달라붙어서 층을 이룬 상태로 쌓여간다. 이를 콤부 호텔이라고도 한다. 설탕이 10% 함유된 홍차 우린 물을 정기적으로 보충해 주면 보관 용기의 크기와 모양에 맞게 고르게 층을 쌓는다. 미생물이 먹이로 삼는 당의 농도, 브릭스brix는 약 10% 정도다. 당도 10%의 환경에서 가장 활발하게 활동하며 충분한 먹이로 삼아 번식하는 것이다. 하나의 콤부는 4회 정도 계속 배양시킬 수 있는데 생명이 다한 콤부는 점점 시커멓게 변하며 죽어간다.

1. 준비물: 콤부(종균) 1개, 홍차버섯발효액(원액) 50㎖, 생수 500㎖, 비정제 원당 50g(생수의 10% 당도), 홍차 티백 1개
2. 열탕 소독한 유리병을 준비한다. 콤부차로 인해 부식하거나 발효가 잘 안 될 수 있으므로 도자기, 금속용기, 플라스틱병은 사용하지 않는다. 호기성 발효이므로 입구가 넓은 유리병이 좋다.

3. 끓인 물에 홍차를 우린다. 정제수나 생수를 끓여서 홍차, 녹차, 허브티, 보이차, 마테차 등의 차를 우린다. 어떤 차로도 발효가 가능하다. 과일주스, 심지어 커피도 무방하다. 경험상 500㎖의 물에 홍차 티백 한 개의 농도가 적당하며, 다른 차에 비해 홍차로 발효했을 때 가장 맛있었다.
4. 당은 효모의 먹이이므로 찻물 용량의 10% 정도의 설탕을 녹인다. 비정제 원당을 사용하면 발효액의 풍미가 있다.
5. 종균인 콤부 1개와 기존의 발효원액을 찻물 용량의 10~15% 정도 넣는다.

6. 면포를 씌워 약간 따뜻하고 그늘진 실온(23~26도 적당)에 둔다. 온도에 크게 민감하지 않으므로 추운 겨울이 아니면 실온에 그대로 두어도 된다. 3일 정도 지나면 기포가 생기면서 용액의 표면에 연한 막이 생기기 시작한다. 이 막은 5일 정도 되면 점차 두꺼워지고 1주일 정도면 약 5mm 정도의 두께가 되는데 이것이 콤부이다. 보관 용기의 크기와 모양에 맞게 잘 자란다. 배양한 지 약 7일 만에 새 콤부가 생긴 것이다.

7. 새 콤부가 생기고 종균의 역할을 했던 기존의 콤부가 아래로 내려앉으면 위와 동일한 방법으로 계속 분리 배양시켜 나가야 한다. 분리 배양시키지 않으면 콤부는 계속 생성되어 엉켜붙은 채로 쌓인다.
8. 배양시킬 원액만 남겨 놓고 남은 홍차버섯발효액은 냉장 보관하여 물이나 다른 음료에 타서 차로 마시면 된다. 이것이 콤부차이다. 단맛과 신맛, 홍차의 맛이 적절하게 어우러져 맛있다.
9. 냉장 보관 약 한 달 이내가 가장 맛있으며 오래 보관하면 식초가 된다. 발효과정에서 생성된 부산물인 알코올이 소량 잔류할 수 있어 임산부와 어린이는 주의해서 섭취하는 것이 좋다.
10. 홍차버섯발효액을 만들기 위해서 처음엔 콤부와 원액을 따로 구해야 하는 점이 중요하다.

활용 방법

찬물에 타서 마시는 것이 깔끔하다. 식초처럼 산도가 높지 않아 공복에 마셔도 무리가 없다. 간혹 발효음료는 공복에 마시지 않는 것이 좋다고 하는데, 이는 유산균이 위를 통과하면서 위의 산도를 견딜 수 없어 죽어버리기 때문에 식후에 마시는 것이 좋다고 한데서 나온 말이다. 건강을 염려하는 말들 중에 의사의 지적(발효음료는 공복에 마시면 안 된다.) 만큼은 확실하게 받아들이는 자세도 고려해 볼 일이라고 생각한다. 결과는 자신의 몸이 말해준다고 본다. 아침 공복에 한잔 마셔서 소변이 시원하고 양이 많으면 배출의 효과를 보는 것이다. 특별히 해롭지 않다면 음식으로 건강에 도움이 될 요소를 보충하는 것은 부작용을 염려할 상황이 아니라고 생각한다.

이런 경우가 걱정이라면 콤부차를 과일주스에 혼합해서 마시거나 물과 적당량 혼합하여 과일과 채소를 함께 갈아서 스무디 형태의 걸쭉한 음료

로 마셔도 좋다. 산도가 약해서 식초를 싫어하는 분들은 샐러드 소스로 활용해도 좋다. 특히 카페에서는 사이다나 탄산음료를 대신해서 과일수제청에 콤부차를 타면 콤부차 에이드이다. 과일청의 달콤한 맛에 쌉쌀한 홍차의 맛과 콤부차 특유의 새콤함이 어우러져서 그 맛이 일품이다. 발효유산균음료인 콤부차 에이드를 메뉴에 추가한다면 건강카페가 된다.

3장

아토피 아이들 희소식, 쌀누룩발효음료

쌀누룩과 쌀누룩발효음료에 대한 관심이 커지고 반응도 뜨겁다. 아직 이에 대해 잘 모르는 분들도 많아 사업성을 생각하면 성장 잠재력도 매우 크다. 최근, 호주, 싱가포르, 독일의 교포들께서도 문의를 주는 것으로 보아 세계적으로도 관심이 커지고 있음을 알 수 있다. 영국에서는 한 디자이너가 발효전문가와 손을 잡고 쌀누룩발효음료를 기반으로 하는 스타트업을 만들었다는 소식도 전해 들었다. 나로서는 매우 고무적이며 흥분되는 일이다. 내가 꿈꾸고 있는 일이 벌써 런던에서 실행되다니….

나는 쌀누룩에 대한 모든 해법을 가지고 있지만 아직 사업적으로 크게 활용하지 못하고 창업지도를 통해서 기술만 전수하고 있어 사실 고민이 크다. 종주국인 일본에서도 배워갔다. 확실히 맛에서 차이가 나고 건강한 맛이라서 나의 주장처럼 쌀누룩발효음료를 디톡스 음료로 활용하는 것이 좋겠다고 했다. 도대체 쌀누룩과 쌀누룩요거트가 무엇이라고 관심이 쓰나

미급으로 불고 있는 걸까? 이제부터 쌀누룩과 쌀누룩발효음료에 대한 내용을 하나씩 풀어야겠다.

쌀누룩요거트는 간단히 말하자면 쌀누룩으로 만드는 발효음료이다. 재료는 오로지 쌀누룩과 찹쌀, 물이다. 우유가 들어가지 않았음에도 굳이 '요거트'라고 하는 이유는 무엇일까? 요구르트, 또는 요거트는 우유에다 젖산균을 투입하여 발효한다. 쌀누룩요거트는 우유가 들어가지 않지만 발효를 거친 걸쭉한 액상의 음료이다. 또한 타 발효음료에 비해 산도와 알코올에 대한 염려가 없고 누구나 좋아할 맛이라는 점에서 공통점 때문에 요거트라는 용어를 사용한다고 추론해본다. 용어에 대한 이렇다 할 근거가 없다 보니 나름 해석해보았다.

쌀누룩요거트는 쌀꽃요거트 또는 순식물성요거트로도 불린다. 그러나 이 음료의 원래 용어는 일본의 '아마자케'이다. 아마자케는 사전적으로는 멥쌀 또는 찹쌀을 죽 상태로 끓이고 쌀로 만든 누룩을 넣어 전분을 당화시켜 만든 음료, 또는 술지게미에 설탕과 물을 넣고 데운 음료라고 명시되어있다. 아니면 감주, 단술 또는 하룻밤 만에 익힌 술이라고 하여 '히도요자케'라고도 한다. 요컨대 우리의 식혜와 비슷한 일본식 감주이다. 아마자케의 기원은 일본의 고분시대로 거슬러 올라갈 정도로 역사가 오래된다. 에도 막부 시절에는 서민의 건강을 위해 아마자케의 음용을 권장하려고 가격을 조절할 정도였으며 주로 사무라이들이 부업으로 아마자케를 생산하였다고 한다. 자국민의 건강을 위해서 정부 차원에서 직접 관심을 두었던 것을 알 수 있다.

쌀누룩요거트는 우리의 식혜와 비슷해 보여도 다른 점이 많다. 우리는 식혜를 전통음료로 즐겨 마시지만 치유의 효과를 기대하는 특별함이 있는 음료로는 생각하지 않는다. 맛으로 보아도 아마자케와 우리의 식혜는 분명히 차이가 있다. 나는 맛보다는 재료와 만드는 방법에 따른 건강에 대한 기능적 차이를 강조하고 싶다. 아마자케는 쌀누룩, 우리의 식혜는 엿기름(맥아)을 당화제로 사용한다. 이는 쌀누룩과 엿기름 모두 전분의 분해효소인 아밀라아제를 함유하고 있다는 뜻이다. 여기서 어느 쪽의 당화력(전분을 분해하는 힘)이 더 큰지 비교하는 것은 무의미하다고 본다. 다만 해독용 음료로 어느 쪽이 더 유리한지에 대해서 이야기의 초점을 맞추려고 한다.

"맥아는 곡물의 전분에만 관심을 가지는 반면 누룩은 전분을 둘러싼 영양소가 풍부한 단백질 껍질까지 해체시킨다. 누룩의 단백질(그리고 소량의 지방)을 분해하는 능력은 그 탁월한 효용성의 열쇠다. 어차피 제일 중요한 것은 단맛이지만 그게 전부는 아닌 셈이다."

덴마크의 노마레스토랑 오너이자 발효식품연구팀을 이끄는 르네 레드제피와 데이비드 질버는 그들의 저서인 『노마 발효 가이드』에서 누룩이 단백질을 분해하는 능력이 탁월함과 동시에 지방의 분해효소인 리파아제를 소량 함유하고 있다는 사실을 정확하게 언급하고 있다. 발효에서 해독용 음료를 찾고자 한 나로서는 누룩이 탄수화물과 단백질, 지방의 분해효소를 모두 함유하고 있다는 사실에 집중하지 않을 수 없다. 쌀누룩에는 '단맛

그 이상의 무엇이 있다.'고 한 사실은 바로 그런 의미일 것이다.

식혜와 쌀누룩요거트는 만드는 방법에서도 뚜렷한 차이가 있다. 일본에서는 아마자케를 발효할 때 보통 55~60℃에서 발효한다. 효소의 사멸 온도를 고려한 발효법이다. 건강음료로 과거 집권층에서도 권장할 만큼 상용해 온 것은 충분히 근거가 있는 셈이다. 아시다시피 우리의 식혜는 밥을 지어 여기다 엿기름 우린 물을 넣고 푹 삭혀서 만든다. 온도가 염려되므로 엿기름의 효소(아밀라아제)가 살아있을지 염려된다. 나는 여기서 우리의 식혜와 일본식 감주인 아마자케를 비교하거나 식혜를 평가절하 하려는 것이 아니다. 다만 건강의 필수영양소인 누룩의 효소가 살아있을지? 효소의 역할을 기대할 만한 음료인지? 그 기능성에 초점을 두고자 한다. 나는 디톡스에 대한 강의를 하고 해독용 음료를 만들며 기술을 지도하는 사람이다. 따라서 쌀누룩요거트를 만드는 방법도 효소의 관점으로 접근해 왔다.

우리에게 알려진 기존의 쌀누룩요거트를 만드는 방법은 이러하다.

재료	쌀누룩 400g, 찹쌀 380g, 물 1,400cc
과정	1. 찹쌀을 씻어 2~3시간 불린다. 2. 물을 넉넉히 부어 진밥을 짓는다. 3. 쌀누룩을 물에 불린다(1,400cc 중 일부의 물). 4. 밥을 식힌다. 5. 위의 불린 쌀누룩에 식힌 밥과 남은 물을 부어 섞어준다. 6. 보온밥솥의 뚜껑을 열고 김발을 얹어 10시간 발효한다.

이 방법에 따르면 쌀누룩의 균을 살리기 위하여 온도를 낮추고자 보온밥솥의 뚜껑을 열고, 그 위에 김발을 얹어 10시간 발효한다고 한다. 이렇게 발효하면 온도가 얼마나 올라갈지? 그 온도에서 쌀누룩의 균이 살아있을지? 의심의 눈초리로 살펴보아야 한다. 쌀누룩의 효소적 역할, 즉 노폐물의 분해와 배출 작용에 관심을 두지 않고 달콤하게 마시는 한 잔의 음료를 원하면 굳이 발효온도를 걱정할 필요가 없다. 더구나 약간의 신맛과 누룩의 맛까지 감수하며 찾을 이유가 없지 않은가? 차라리 식혜에 살얼음을 동동 띄워 마시면 꿀물보다 맛있다. 맛이 주는 감미로움은 식혜가 더 클 것이다.

식혜를 만들 때도 나는 방법을 좀 달리한다. 엿기름 우린 물을 밥에 따라 부을 때, 바닥에 가라앉은 엿기름의 전분을 어느 정도 적절하게 따라서 같이 넣으면 그렇게 탁하지도 않으며 깊은 맛을 내는 식혜를 만들 수 있다. 전분을 모두 버리지 않고 적절하게 사용하면 훨씬 깊은 맛을 낼 수 있다. 이렇게 달콤함이 있는 음료를 두고서 지난 2년간 그토록 쌀누룩과 쌀누룩요거트와 씨름하였겠는가? 나는 해독의 가능성을 쌀누룩에서 보았기 때문이다.

쌀누룩요거트가 비록 일본의 전통음료이지만 해독용으로 기대 이상의 역할을 한다면 그 가치를 받아들이고 더욱 발전시켜 나갈 방법을 모색해야 한다. 막걸리와 식초, 콤부차만 알던 발효음료의 세계에서 우연히 쌀누룩을 알게 되었다. 쌀누룩의 기능성과 활용성이 크다는 것을 잘 알기 때문에 연구에 집착해 왔다. 누룩의 역할을 잘 모르는 미국인이나 유럽인들에게도 쌀누룩으로 만드는 발효음식의 효능이 알려지고 우리보다 먼저 연구하고 있다. 발효음료에 획기적인 관심을 불러올 것이 명백하다.

2.
아토피 치유와 발효유산균음료

나는 발효를 활용한 건강음료 개발에 주력하려 대중성 있는 발효제품을 찾고자 늘 정보를 수집한다. 소비자가 원하는 제품은 무엇인지, 소비자 입장에서 문제를 찾아 해결하려고 노력한다. '대중이 원하는 발효음료로 어떤 것이 좋을까?'를 고민하면서 전통발효식초와 전통주를 배우고 익혀왔지만 이를 대중성 있는 해독음료로 활용하기에는 문제점이 따랐다. 음료로 활용하기 위한 전통주와 식초의 부적합한 요소를 생각했다. 무엇보다 '아토피 아기들이 마음 놓고 마실 수 있는 발효음료가 무엇일까?'라는 고민에 붙들려 있었다.

아토피는 유독 단백질 식품에 과민 반응을 보인다. 알레르기의 주범이 단백질이라는 의미로 받아들일 수 있다. 이는 식품 알레르기에 대한 정의를 보아도 단적으로 알 수 있다. 영양학 사전에는 식품 알레르기에 대해

"식품 중의 성분이 항원이 되어 발병하는 알레르기 반응, 원인 항원으로는 동·식물성 단백질이 대부분이지만, 전분이나 지방질도 될 수 있다."고 명시되어 있다. 항원의 요인으로 단백질이 대부분이라는 점을 주시할 필요가 있다.

단백질은 탄수화물과 지방에 비해 분자구조가 더 복잡하므로 분해되기에 가장 어려운 영양소이다. 여기다가 우리가 먹는 대부분의 음식은 고단백질 식품들이다. 소화 분해되지 않은 단백질의 찌꺼기가 장내에 남아 느슨한 장벽을 타고 혈액 속으로 흘러들고 최종엔 피부발진으로 나타난다고 볼 수 있다. 그러니 아토피에 대한 해결법이라면 장내에 남아 독소의 원인이 되는 단백질의 노폐물을 분해 배출해야 한다. 장에서 혈액으로 다시 피부로 이어지는 이 순환과정을 어찌 약으로 해결할 수 있겠는가? 살아있는 유익균, 즉 유산균을 장내에 듬뿍 투입해주는 것이 최선의 방책이다. 미생물은 유익균이기도 하지만 효소이다. 효소는 분해와 배출을 돕는 촉매제이다. 결론은 유익미생물을 보충할 수 있는 음식이나 음료를 찾아야 한다. 바로 발효음식이다.

아토피 아기들에게 단백질은 몰아내어야 할 최대의 적군이다. 그러니 유제품으로 만드는 식품은 제발 피해가야 할 것들이다. 유산균이 듬뿍 든 요구르트도 아토피 아기들에겐 경계의 대상이다. 그렇다고 아기들이 술과 식초, 된장을 요구르트 마시듯 할 수 없다. 아토피를 치유한다고 너무 일찍부터 전통주 맛을 알아버리는 것도 정말 곤란하다. 김칫국물을 주스 식으로 만들면 가능성은 있다. 실제 아마존에서도 김치주스가 판매되고 있다.

그러나 포장을 예쁘게 하고 'KIMCHI'라고 표기해도 김치에 대한 느낌이 주스로 바뀌기는 어렵다. 고정관념은 산티아고의 순례길을 걸어야만 바꿀 수 있을지 모른다.

나는 아토피 아기들이 마치 우유나 오렌지 주스를 마시듯 벌컥벌컥 마실 수 있는 발효식품을 찾기 위해 늘 고심하였다. 인터넷을 뒤지고 혹시 향토 음식에 있나 해서 지역산물을 이용한 향토요리도 찾아보았다.

아토피 아기들이 마실 수 있는 음료가 갖추어야 할 요인은 다음 세 가지이다.

첫째, 미생물이 살아있어야 한다. 그러기 위해서 열을 가하지 않은 발효식품이어야 한다.

둘째, 아기들이 먹을 수 있으며 거부감 없이 좋아할 맛이어야 한다.

셋째, 쉽게 만들 수 있어야 한다. 좋은 음식도 만들기 까다로우면 아기 엄마의 입장에서 부담스럽다.

이 세 가지 요건을 갖춘 식품이어야 하는데 내 지식으로는 답을 찾을 수 없었다. 간혹 인터넷상에 올라오는 쌀누룩요거트에 대한 이야기를 유심히 살펴보기는 했다. 그러나 이것이 답이라고는 생각하지 못했다. 그런 것이 있구나 하는 정도였다. 알코올과 산도가 낮은 콤부차를 활용한 파생 음료를 만들거나 아니면 정말로 국물김치를 맛있는 주스로 만들어 볼까? 하는 수준에서 관심이 오락가락했다.

그러던 어느 날, 앞서도 언급하였지만 서점에서 놀라운 책을 발견했다.

두꺼운 요리책인데 표지가 눈에 띄어 생각 없이 펼쳐보았다. 가끔은 운 좋게도 풀리지 않던 문제의 해결책을 엉뚱한 곳에서 뜻하지 않게 찾을 때가 있다. 내가 첫 책을 쓸 때도 그랬다. 목차에 맞추어 책을 쓰지만 한 꼭지의 분량을 채우는 일이 쉽지 않았다. 어떤 내용으로 컴퓨터 화면의 백지를 채울지, 글이나 문장의 수준을 떠나서 써야 할 내용이 막연할 때가 많았다. 이럴 땐 턱을 괴고 머리를 싸맨다고 좋은 생각이 떠오르지 않는다. 차라리 바깥 공기를 쐰다든지, 사우나에서 땀을 빼는 것이 좋다. 수돗물을 콸콸 틀어놓고 설거지하는 중에 번뜩 생각이 떠오를 때도 있다. 집요하게 붙들고 있을 때는 막막하고 오히려 손을 놓으면 떠오르는 실마리를 영감이라고 해야 할지? 불현듯 스치는 생각을 놓치지 않고 얼른 컴퓨터 앞에 앉으면 글도 순식간에 써졌다. 이처럼 내가 쌀누룩의 가치를 발견한 곳은 발효 전문 교육장이 아니며 발효나 향토요리, 전통식품 또는 해독과 건강 관련 서적도 아니다.

'무슨 요리책이 이렇게 크고 두껍지?' 하며 무심코 뒤적인 책에서 상당히 재미있는 내용을 발견했다. 깜짝 놀라서 손을 그 페이지에 단단히 고정하고 찬찬히 살펴보았다.

"엄마야, 이런 식으로도…!"

나는 겁을 먹을 때도, 기뻐서 어쩔 줄 모를 때도 영원한 정신적 지주인 엄마를 찾는다. 내가 호들갑 떨었던 이유는 다름 아닌 '호밀파운드케이크'의 레시피 때문이었다.

설탕 1/2컵 100g,
다목적 밀가루 50g,
호밀가루 35g, 달걀 2개,
……
배주식초 1큰술, 식초 머랭

제과 레시피에 식초가 들어가다니. 호기심은 큰 관심으로 변했고 나는 책을 정독하기 시작했다. 한 장 한 장 넘기며 레시피대로 머리에서 요리를 해나갔다. 100페이지 정도 읽었을까? 정말로 대어를 낚고 말았다. 내가 집어 든 책은 우리나라의 요리연구가나 베이킹전문가, 발효전문가가 쓴 책이 아니다. 큼직한 글씨에 영어로 쓰인 제목이 눈에 뜨인 외국의 책에서 내가 그토록 바라던 것을 찾다니, 나는 그 책을 보듬어 안고 말았다.

니콜라스 발라와 코트니 번즈의 『바 타르틴 테크닉&레시피』라는 책이다. 책의 저자들은 샌프란시스코에 있는 레스토랑의 오너 셰프이다. 이들은 일본을 여행하면서 수제 식재료 제조법을 배웠다고 한다.

'그것이 무엇일까?'

'아하! 그래서 그것을 알게 되었군.'

나로서는 어떤 결론적 단정을 지을 수 있었다. 그리고 무엇보다 나를 놀라게 한 것은 호밀파운드케이크에 '식초'를 사용하듯이 이를 디저트용으로도 활용한다는 것이었다. 아토피 아기들을 위한 음료에다 디저트까지 만들 수 있는 실마리를 찾았던 것이다. 놀라지 않을 수 없었다. 부정에 부정을 더하면 강한 긍정이 된다. 나는 그만 꼴깍 숨이 넘어갈 갈 뻔했다.

레스토랑 바 타르틴에서 사용하는 대부분 소스에는 식초가 들어가는데 이보다 더 놀라운 것은 쌀누룩을 소스와 음료뿐만 아니라 디저트에까지 활용하고 있다는 것이다. 내가 그토록 찾던 것이다. 나는 먼 나라의 책에서 쌀누룩의 가치를 찾을 수 있었다. 저자들이 일본을 장기간 여행하면서 수제 식재료 제조법을 배웠다고 하는데 그것은 다름 아닌 식초와 쌀누룩이다. 그들은 일본의 감주인 아마자케를 알고 있으며, 이를 만들기 위해서 쌀누룩 제조법을 배운 것이다. 배워서는 혀를 두를 정도로 놀랍게 활용하고 있다.

오래된 요리와 다른 문화권의 지역성 있는 음식에 관심을 가지고 여행의 경험에서 찾아낸 요리법을 발전시켜나가며 적극 활용하고 있는 점이 무척 놀랍다. 그들의 음식에 대한 가치관이나 태도가 나에게는 적잖이 고무적이지만 무엇보다 오래된 것에서 가치를 찾아 발전시켜 나가는 점에서 나는 그들을 존경의 눈으로 바라본다. 음식의 세계에서 인류의 오래된 것이라면 발효이다. 비록 외국의 책에서이지만 쌀누룩의 가치를 알게 된 것을 나는 행운으로 여긴다.

『바 타르틴 테크닉&레시피』 이 책은 1장에서도 이미 언급하였는데 그만큼 참고할 내용이 많다. 이런 내용도 있다.

"우리가 만드는 디저트에는 꿀, 누룩, 유제품, 과일, 채소 그리고 일부 콩류에는 달콤함뿐 아니라 풍미도 더해주는 천연당이 함유되어 있다. 여기서 소개하는 디저트도 다양한 문화에서 영향을 받았다. 일본의 떡, 헝가리의 파머스 치즈, 덴마크식 호밀 포리지는 제각각 출신은 다르지만 무슨 조화인지 서로 잘 어우러진다. 이 디저트들은 케피르와 누룩을 가지고 놀다가 탄생했거나 풍미와 온도로 실험을 거듭하다 발견되거나 쌀 푸딩처럼 자연스러운 과정에서 우리에게 찾아온 음식들이다."

책에서 말하는 쌀 푸딩은 농도를 조절한 쌀누룩요거트임에 틀림없다. 나는 책의 저자들이 누룩을 가지고 놀았으며 풍미와 온도로 실험을 거듭하며 발견했다는 태도에서도 깊은 감동을 받았다. '가지고 논다, 온도와 풍미로 실험을 거듭하다.'는 즐기며 파고들라는 뜻이다. 나 또한 바 타르틴 레스토랑의 오너 셰프들과 같이 온갖 음식을 넘나들며 쌀누룩으로 레시피를 만들어 낼 것을 다짐하였다. 이미 나에겐 발효, 제과제빵, 요리 분야의 수많은 경험이 쌓여있다. 쌀누룩을 가지고 놀다 보면 어느 날인가 나의 이런 생각이 건강 음식 분야의 혁신을 일으킬 수 있다고 믿는다. 절대로 불가능한 일이 아니다.

"누룩은 발효한 배지培地로 사케나 아마자케, 미소, 간장 등 한중일의 음식과 음료에서 볼 수 있는 독특한 풍미를 만들어 내는 근원이다. 바 타르틴에서는 디저트 및 소스를 만들거나 고기를 재울 때 쌀누룩을 사용한다."

다시 한 번 인용하지만 나는 이 책에서 쌀누룩이라는 놀라운 발효 아이템을 발견했으며 저자들처럼 쌀누룩을 디저트에 활용할 방안을 찾기로 한다. 음료에서 디저트까지, 쌀누룩이 아토피 아기들에게 큰 선물이 될 것이라는 확신도 하게 되었다. 쌀누룩에 대한 내 모든 관심은 발효와 아토피 치유에서 시작되었고, 그 답은 엉뚱하게도 샌프란시스코에 있는 레스토랑의 주인이 쓴 책에서 얻을 수 있었다.

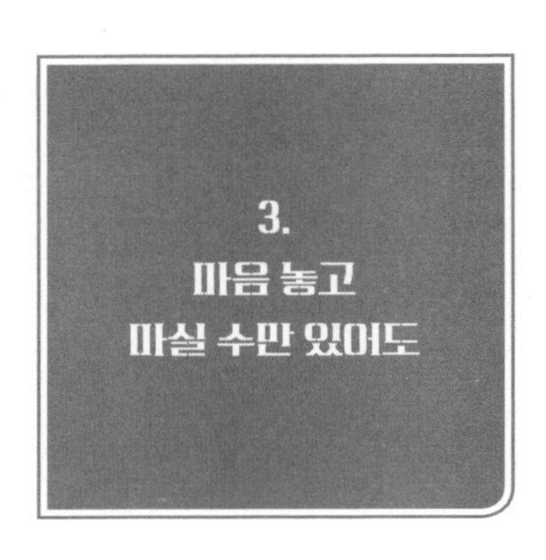

3. 마음 놓고 마실 수만 있어도

딸아이는 어려서 아토피가 무척 심했다. 초등학교에 다니던 내내 밤마다 긁어대느라 거의 잠을 이루지 못했다. 그도 하필이면 꿀잠을 자야 할 시간대인 밤 12시부터 새벽 사이이다. 팔꿈치 주변과 발이 가장 심했다. 벌겋게 달아오르고 박박 긁어대니 살갗이 벗겨지고 짓물러서 수시로 피부과를 찾아 주사를 맞고 약을 먹었다. 약의 위해성을 모르는 건 아니지만 어쩔 수 없었다. 화가 잔뜩 난 피부를 진정시키려고 알로에를 차게 해서 염증이 심한 부분에 갖다 대면 잠시 진정되는 것 같다가도 다시 발진과 함께 긁어댄다. 지켜보는 부모 심정도 딸아이의 손이 되어 같이 긁어댔다. 초등학생 내내 그런 과정을 반복하니 깊은 잠을 잘 수 없던 딸은 키가 크지 않아 반에서 가장 작았다. 작은 것보다 아예 키 성장이 멈춘 듯했으니 이 또한 심각한 문제였다. 이는 피부질환에 관한 많은 연구 결과에서도 나타난 사실이다.

"아토피를 앓고 있는 성장기 아동들의 경우 공통적으로 수면장애를 겪으며 과도한 음식 제한과 장기간 약물사용으로 인해 정상적인 성장호르몬의 분비에 방해를 받는다."

급기야 대책을 세웠다. 아토피 치유에다 키 크기 특별 프로그램도 덧붙였으니 딸은 약으로 시달리며 유년의 시기를 보냈다. 성인이 된 지금도 피부와 전쟁을 치르는 중이다. 수시로 피부과를 들락거린다. 딸이 아토피로 고통받으며 밤잠을 이루지 못할 때도 나는 식이요법에 별로 신경 쓰지 않았다. 그런 탓에 지금도 딸의 피부를 보면 죄인이 된 것 같다. 직장 생활을 하며 바쁘다는 핑계로 반찬은 사다 나르기 일쑤였고, 라면, 피자, 치킨 등으로 저녁을 때우게 한 적도 허다했다. 치킨은 거의 일주일에 두 번씩 먹였으며 계란 프라이는 간편하니 끼니마다 반찬으로 주었다. 우유에 시리얼 타 먹는 것을 좋아하여 곡물 시리얼은 건강식이라 생각하고 우유와 함께 떨어지는 날이 없었다. 아토피에 천적인 음식들로만 먹였으니 성인이 된 지금은 아예 그런 음식들만 찾는 식습관으로 굳어졌다.

"아기가 아토피예요."라는 말을 들으면 밤마다 잠을 이루지 못하고 긁어대던 내 딸아이의 어린 시절이 생각나서 마음이 아프다. 디톡스에 눈을 뜨고 보니, 식습관과 관련하여 딸의 어린 시절을 생각할 때면 엄마로서 죄책감이 든다. 이런 이유로도 나는 아토피로 고생하는 아기나 엄마를 생각하면 아픔을 같이 느끼지 않을 수 없다. 그래서 아토피 아기들에게 도움이 될 만한 맛있는 음료 개발에 대한 묵시적 책임감을 느끼고 있었는지 모른다. 여기다 더 보태어 고혈압과 당뇨에 대한 해결책까지 생각한다. 긴급한 상황이 아니면 만성적인 병통은 음식으로 조절하고 해독으로 풀어야 한다는 것이 내 신념이기 때문이다.

아토피를 위한 처방이라면 장내에 유익균을 증식시켜 주는 일이 급선무이다. 살아있는 미생물인 유익균을 제대로 섭취할 수 있는 방법은 발효음료가 좋다. 발효음료이지만 식초와 전통주는 아기들에게 먹이는 음료로는 부적합하다. '다른 좋은 발효음료가 없을까?' 아토피, 유익균, 발효음료, 이 셋에 대한 고민은 언제나 내 마음속에 자리 잡고 있었다.

그러던 중에 발견한 책(앞서 이야기하였던)이 있었고, 그 책에서 내 고민을 해결할 가능성을 보았다. 그리고 생각을 오로지 쌀누룩에 집중하였다. 자주 티베트 음악을 틀고 눈을 감고 명상을 한다. 깊은 호흡 따라 의식이 집중되면 눈을 감아 앞이 컴컴해도 내면의 저 깊은 곳에서 한 점의 빛이 또렷하게 올라온다. 의식은 점점 몰입의 상태가 되고 명상이 깊어지면 한 점이던 빛의 형태가 너울춤을 추며 눈앞에서 점점 큰 원을 그린다. 그러다 갑자기 밝은 빛의 세상이 펼쳐진다. 이렇듯 나는 아토피 비책으로 쌀누룩의 밝은 기운을 더듬으며 지금까지 연구해왔으며 앞으로도 그럴 것이다.

쌀누룩은 곰팡이이자 효소이다. 쌀누룩발효음료는 그 어떤 발효식품을 만들 때보다 쌀누룩이 많이 들어간다. 나는 아토피와 만성질환 치유의 가능성을 쌀누룩에서 찾으려 했다. 또한 쌀누룩으로 발효한 식품들은 자체에 천연당이 풍부하므로 활용도가 높다. 쌀누룩은 일본 전통음식에 활용되는 기본재이지만 미국과 유럽에서도 그 가치를 알고 있다. 요리는 물론이며 심지어 디저트에까지 활용하고 있다고 하니 마음이 급해졌다. 배울 곳을 찾아야 했다.

인터넷을 뒤져보니 보온밥솥에서 10시간 발효한다는 경우, 온장고나 발효기에서 일정하게 온도와 시간을 맞추고 발효한다는 식의 다양한 방법들이 있기는 하지만 거의 중구 난방식이다. 쌀누룩에 대한 정보도 책도 전무하니 자세한 지식을 얻을 수 없었다. 단지 쌀누룩이 있어야 하며 찹쌀로 진밥을 지어 쌀누룩과 합체하여 보온밥솥에 김발을 얹고 발효한다는 정도였다. 이런 식으로 쌀누룩요거트를 쉽게 만든다 해도 문제는 쌀누룩이 있어야 한다. 찾아보니 판매하는 곳이 있다. 그러나 가격이 만만치 않다. 재료가 생각보다 고가이면 상품화하기 어렵다.

당시 나는 쌀누룩과 누룩균의 본질적인 문제를 모르는 채, 쌀누룩만 만들면 되겠지 하는 가벼운 생각으로 접근하기 시작했다. 그러나 다가갈수록 풀리지 않는 문제들이 쌓여있었다. 하나를 해결하고 나면 다음 문제가 걸려있고, 마치 도미노 문제지를 앞에 둔 것처럼 해결의 길은 멀었다.

포기하지 않는 곳에 길이 있다. 새로운 것을 이루어 내려면 가능성에 대한 확신을 가져야 한다. 가능성은 자신의 능력을 믿는 사람에게 주어지는 미래의 가치이다. 현재의 시점에서 느끼는 자신의 능력이나 문제점 앞에서 굴복해버리면 원하는 것은 결코 얻을 수 없다. 자신을 믿고 장애물을 뛰어넘자. 쌀누룩과 아토피 치유를 위한 음료 개발이라는 생각의 불씨를 꺼뜨리지 않으리라는 나의 다짐과 의지는 확고했다.

술에서 식초가 만들어지니 술이 맛있으면 식초도 맛있다. 나는 식초를 먼저 배웠지만 점점 술을 배워야 할 필요성을 느꼈다. 자연히 전통주도 배우러 다녔다. 처음 술을 배우자니 식초를 공부할 때만큼 어렵게 느껴지고 힘들었다. 술을 배우러 오는 사람들은 대부분 전통주와 관련한 일을 하거나 전원주택에 살며 생활의 멋으로 술을 담아 온 사람들이다. 나는 술은 생판 처음인지라 고수들 사이에서 공부하려니 여러모로 마음고생 했다. 누군가를 붙잡고 이해하지 못하는 부분을 물으려 해도 썩 마음이 내키지 않았다. 그들은 효모를 단련시켜 술의 맛을 내려는 사람들이고 나는 겨우 기본을 익히려는 입장이다. 하급반 학생이 상급반의 수준을 단시간에 따라잡을 수 없는 일이었다. 거의 1년에 걸쳐서 배웠지만 매번 갈 때마다 기가 죽었다.

'내가 술까지 왜 이렇게 오랫동안 배워야 할까?'

식초를 위해서 술을 배우기로 한 처음의 목적을 되짚어 보며 나는 술에 대해 잃어가는 흥미를 굳이 붙잡으려 하지 않았다. 내가 퇴직을 생각할 때도 그랬다. 고정적인 수입이나 버리기 아까운 것들을 두고 왜 퇴직을 해야 하는지를 생각하며 마음을 잡으려고 많이 노력해 보았지만 결국 나는 퇴직하였다. 배움이 어정쩡한 단계에 머무르고 있던 술 공부도 마찬가지였다.

'이제 그만 배우자. 지금 술을 배워서 어쩌겠다는 거야.'

아무리 생각해도 술을 더 배울 이유가 없었다. 거두절미하고 술에서 손을 놓기로 했다. '마지막으로 한번만 더 가고 그만두자. 술 카페를 차리거나 술을 가르칠 것도 아니다. 아닌 일에 매달려 더 이상 시간 낭비할 나이가 아니지 않은가?' 인생 오십 넘어 살았으니 그 정도의 결단력은 필요했다. 나는 건강음료를 개발하고 가르치는 사람이다. 술, 그만 배우기로 하고 마지막으로 갔던 전통주 교실에서 눈에 확 들어오는 레시피가 있었으니 쌀누룩요거트였다. 전통주의 고수들은 쳐다보지도 않고 구겨 넣던 그 레시피 말이다.

'쌀누룩 400g, 찹쌀 380g' 나는 눈을 의심했다. 막걸리는 '찹쌀(쌀) 1kg에 누룩 200g'이 기본 공식이다. 들어가는 누룩의 양(물론 누룩이 다르지만)이 비교되지 않는다. 머리에 얼음물을 한 바가지 끼얹은 듯 얼얼했다. "누룩이 무엇인가?" 술은 누룩이 많이 들어가도 재료의 30% 이하이다. 게다가 쌀누룩요거트는 만드는 방법도 간단하고 발효 시간도 짧다. 특히 누룩의 양을 생각하니 명물이겠다는 생각이 번쩍 들었다. 그리고 나의 관심은 항상 아토피 아기들이 마실 수 있는 '맛있고 건강한 발효음료는 없을까?'에 꽂혀 있었다. 과연 충격적이었다.

쌀누룩요거트는 의미 없이 바라보면 구겨서 레시피 모음집 깊숙이 처박아 둘 가벼운 발효음식일 뿐이다. 만들기도 쉬우며 단 몇 시간 만에 완성된다. 식초나 전통주처럼 오랜 시간과 공을 들여야 제대로 된 발효음식이라고 생각하면 가치를 인정받지 못한다. 그러나 디톡스에 초점을 두고 효소의 역할에 의미를 부여하고 보니 나에게는 놓칠 수 없는 보물이었다. 쌀누룩의 가능성을 알아차린 것이다. 숲 속에 들어앉아서 숲을 보면 숲 속의 세상만 아는 법이다. 정상에 올라서 산 전체를 내려 보아야 숲의 형세를 알 수 있다. 깊이와 넓이를 두루두루 살펴보는 통찰의 힘이 있었던 것은 내가 쌀누룩을 효소로 바라보았기 때문이다. 내가 만드는 제품과 가르치는 모든 커리큘럼의 핵심은 효소에 뿌리 두고 있다. 덕분에 나는 쌀누룩 요거트의 레시피를 이화주, 이양주, 삼양주보다 소중하게 여길 수 있었다.

아토피 자녀를 둔 어머니의 고민은 너무 심각하여 말로 다 할 수 없을 정도다. 매일 가려워서 우는 아이를 도와줄 수 없어 괴롭다. 긁어 상처 난 자리에서 나온 피고름으로 얼룩진 옷과 이불을 볼 때마다 가슴이 저린다. 피부과에 데리고 가도 항히스타민제 이외 다른 처방이 없다. 치유는 되지 않고 먹일 수 있는 음식이 몇 되지 않아 더 괴롭다. 성장에 필요한 우유도 먹일 수 없다. 맛있는 생선구이와 마트에서 판매하는 요거트(우유의 단백질을 발효하면 락토바실러스 불가리쿠스, 락토바실러스 카제이 등의 유산균이 히스타민을 생성)는 더더구나 먹이면 안 된다. 염증성 물질인 히스타민을 함유하고 있는 식품들이다. 먹으면 피부 염증이 더 심해진다. 아기에게 환자식으로 가려 먹여야 하는 고통이 크다. 치유는 되지 않더라도 마음 놓고 배부르게 먹일 수만 있어도 좋겠다. 다행히 쌀누룩으로 만드는 발효음료를 아기들이 맛있어 하고 좋아한다는 사실을 나보다 아토피 아기 어머니들이 먼저 알고 있었다.

4. 독소는 곱게 물러나지 않는다

고도 비만으로 걸어 다니는 피넛으로 불리던 나는 40대에 들어서면서 온갖 통증에 시달리게 되었다. 통증의 주범이 독소이고 해독이 필요하다는 생각은 하지 못하던 때였다. 단지 살부터 빼야 한다는 생각으로 나는 모진 마음을 먹고 다이어트에 돌입하였다. 다이어트는 시작과 함께 흐지부지되는 습성을 가진 탓으로 돈을 들여 하는 특별한 프로그램을 시작했다. 밥 대신 두 끼는 단백질 셰이크로, 하루 2리터의 물을 마시는 허브 다이어트 프로그램이었다. 아침과 저녁은 마시기 때문에 1일 1즙보다 강도가 심한 1일 2즙 다이어트이자 아침과 저녁을 건너뛰었으니 간헐적 단식이다. 저녁 8시 이후엔 금식하고 다음 날 점심까지는 단백질 셰이크 한잔으로 대체한다. 이를 식사로 생각하지 않으면 하루 16시간 공복을 유지하는 다이어트이다. 이렇듯 모든 다이어트 프로그램은 소식과 단식을 근간으로 하는 식습관의 변화가 주 핵심이므로 어떤 프로그램이든 원리는 상통한다고 보아야 한다.

허브다이어트 프로그램을 시작하고 보름째쯤 되던 날이었다. 목욕탕에서 코피를 심하게 흘렸던 기억이 있다. 깜짝 놀라서 혹시 백혈병이라도 걸린 건 아닐까? 간이 덜컥 내려앉았다. 밥을 너무 굶어서일까? 차라리 그러면 좋을 터인데, 두려운 생각이 들어 하던 프로그램을 멈출까 생각하며 곧장 허브 프로그램을 운영하던 다이어트 숍으로 달려갔다. 수간호사를 지낸 분이 운영하던 곳이라 건강에 대해 많은 이야기도 나누고 믿음이 가는 곳이었는데 그곳에서 처음으로 '명현현상'에 대해서 듣게 되었다. 이제 내 관심은 하루 두 끼를 단식하면 몇 그램이 빠지는가? 보다 독소가 빠지면 몸은 어떤 반응을 보일 것인지에 대한 궁금증으로 바뀌었다. 명현현상에 눈을 뜨게 된 후로 나는 건강 관련 서적을 탐독하게 되었는데 아마도 발단은 목욕탕 코피 사건이었던 것 같다.

건강 관련 책을 찾아서 읽고 내 몸의 반응과 변화를 살피면서 더 궁금했던 점은 체내의 어느 부위에 독소가 많으면 어떤 통증이나 병적 요인처럼 보이는 현상이 나타나는지, 즉 신체 부위에 따른 구체적인 명현현상의 연결고리에 대한 의문이었다. 그러나 유감스럽게도 이에 대한 자세한 정보는 지금껏 발견할 수 없었다. 때문에 나는 명현현상에 대해서는 어디까지나 전문가들이 일반적으로 지적하는 내용을 근거로, 나의 경험 테두리 안에서 이 글을 썼다는 점을 밝혀둔다. 그리고 쌀누룩이 효소로서 해독 효과가 있다면 명현현상도 수반한다는 사실을 미리 알리고자 한다.

“아침 빈속에 과일을 제대로 먹는데도 여전히 가스가 나오고 헛배가 부를 수 있다. 이런 일이 벌어지는 이유는 음식물 찌꺼기와 노폐물이 수년 동안 축적되어 위와 장의 내벽에 꽉 차있기 때문이다. 과일은 이런 독소를 휘저어서 내보내는 성향이 있다. 불편하고 짜증이 나겠지만 어떤 경우라도 그것은 문제의 원인이 제거되고 있다는 긍정적인 표시이다. 이럴 때 ‘도대체 이게 뭐지? 나는 과일 체질이 아닌가 봐.’ 하면서 옛날의 식습관으로 되돌아가는 것이다. 당신이 불편을 많이 느낀다면 당신 몸에 독소가 많다는 증거일 뿐이다. 처음이 중요하므로 중단하지 않기를 바란다.”

미국의 건강 컨설턴트 하비 다이아몬드는 그의 저서 『다이어트 불변의 법칙』에서 위와 같이 말했다. 공복 과일식사로 헛배와 가스뿐만 아니라 불편하고 짜증 나는 심리적 반응은 해독의 결과로 나타나는 불편 사항들이며 긍정적인 치유 과정이라는 것이다. 그러면서 “안심하라, 통증은 자가 치유의 증거이다.”라고 하며 해독하는 식습관을 그만두는 일이 없기를 당부하였다.

명현현상을 경험하면 처음엔 아주 당황스러워 진행하던 해독 프로그램에 마치 큰 문제가 있는 것으로 여겨 당장 그만두는 것이 일반적인 사례이다. 나 역시도 그런 과정을 여러 번 거쳤다. 자연치유의 결과 나타나는 통증을 명현현상으로 느긋하게 바라보고 ‘흠, 내 몸에서 드디어 독소가 빠져나가는군!’ 이렇게 생각하며 오히려 즐겨 보는 것은 어떨까? 다시 강조하지만 독소는 쉽게 물러나지 않는다. 코피를 흘렸을 때 겁먹은 채로 지레짐작하여 다이어트 프로그램을 그만두었다면 나는 아마도 여태 해독에 대해서 눈을 뜨지 못했을 것이다. 다이어트를 시작하고 약 1년이 지나면서 단순히 체중 감량만 한 것이 아니라 갖은 신체적 반응을 경험하고 치유적인 효과를 얻을 수 있었다. 한편 다이어트도 독소배출의 차원에서 바라보아야 함을 알게 되었다. 그러니 다이어트 자체를 해독으로 보는 것이 마땅하겠다.

나는 내가 겪은 통증이나 불편 사항들이 신체의 어느 부위에 문제가 있어서 그런지에 대해서 구체적인 내용을 담은 전문서적을 발견할 수 없었다. 명현 반응에 대해서는 거의 모든 주장이 하비 다이아몬드가 지적한 것처럼 일반적인 내용밖에 없다. 심지어 나는 다이어트를 시작하고 오히려 살이 찌는 체험도 하였으며 하체에서 냉기가 빠져나가는 특이한 현상도 경험하였다. 이 때문에 명현현상에 대해서는 나의 경험적 차원에서 살 펼 볼 수밖에 없는 점이 한계라면 한계이다. 누구나 거의 공통으로 겪는 두통, 한기, 무기력감 같은 일반적인 명현현상은 나 역시 많이 겪었다. 그러나 특이한 경험도 많았기에 명현현상에 대해서 좀 더 구체적인 해명을 듣고 싶은데 이를 해결할 방법이 없어 안타깝다. 적어도 이런 분야에 통달한 의사도 한의사도 아직은 본 적이 없다.

나의 경험에 의하면 해독에 따른 명현반응의 끝은 하체에서 냉기가 빠져나가는 현상이었다. 1년간 지속한 허브 다이어트 프로그램의 마지막 단계에서 나타났던 최종적인 반응이 그러했다. 5월 초순, 소풍을 가던 따뜻한 날에도 종아리와 발목이 시려서 얇은 내복을 입고 두꺼운 양말을 신어야 했다. 다리와 발의 뼛속으로부터 냉기가 빠져나간다는 느낌을 받았다. 하체의 냉기 발산에 대한 경험은 두한족열頭寒足熱의 이치로도 설명될 수 있다. 하체에서 독소, 즉 냉기가 빠져나가면 혈액 흐름이 발끝의 모세혈관까지 이어진다. 교통 체증이 풀리듯 혈액이 하체의 말단까지 원활하게 흐르면 발끝이 따뜻해지고 신체는 전반적으로 생기를 얻는다. 곧 만성적인 병통들도 해소될 것이다. 그러므로 하체에서 냉기가 빠져나가는 현상이야말로 체질변화라고 할 만큼 자가 치유의 끝으로 받아들일 수 있겠다.

이와 동일한 현상은 공복에 쌀누룩요거트를 마시고 나서 3달 만에 경험했으니, 쌀누룩의 해독 효과라고 믿어본다. 특히 예전에 경험한 허브 프로그램에서는 1년 후에 나타났던 현상이 단 3개월 만에 유사하게 나타난 것을 보면, 해독과 관련한 쌀누룩의 위력에 놀라지 않을 수 없다. 물론 나의 경험이지만. 나는 종종 효소를 가위에 비유하는데 쌀누룩은 아마도 가장 날카로운 가위가 아닌가 생각한다. 효소는 노폐물을 분해하는 생명물질이다. 분해는 곧 가위질이나 마찬가지이므로 쌀누룩을 가위에 비유한다.

쌀누룩요거트 레시피를 받아들자마자 바로 만들기 시작했다. 어설픈 솜씨에 맛부터 잡아야 하므로 처음엔 효소를 살리기 위한 방법으로 발효를 한 것이 아니라 레시피대로 만들었다. 만들면서 많은 문제점을 발견하였다. 가장 심각한 문제는 발효 온도였다. 이런 부분은 뒤에서 이야기하겠지만 나름대로 효소를 살리는 방법을 고안해 가며 계속 실험을 거듭해 나갔다. 결과가 만족하지 못하면 혼자 먹고 남는 것은 버리고를 되풀이하였다.

아직은 쌀누룩의 특성을 정확히 모르던 때라 발효 방법의 문제부터 찾아서 해결해 나갔다. 요컨대 내가 원했던 발효법은 50℃ 온도를 유지하며 맛이 제대로 우러나는 저온발효법이었다. 또한 그렇게 발효했을 때 몸은 어떤 반응을 보이는가? 이것이 핵심 과제였다.

몸의 반응을 살펴보기 위해서 과일을 넣고 갈아서 1주일 정도 아침 공복에 마셨다. 뜻밖에 다양한 반응이 나타났다. 아랫배가 빵빵하게 부풀어 오르고 탁한 소변이 시원하게 나온다. 탁한 소변은 간밤에 노폐물이 분해된 것이려니 생각했다. 어느 날에는 밖에서 일을 보는 중, 갑자기 배가 요동을 쳐서 다급히 화장실을 찾느라 혼비백산하기도 했다. 급한 김에 카페의 화장실로 뛰어가 시커먼 설사를 단 몇 초 만에 좔좔 쏟아 내기도 했다. 아니면 찔끔찔끔 하루 종일 변을 보아 항문이 헤어진 날도 있었다. 한꺼번에 몰아서 시원하게 나오는 경우도 있었다. 변비는 장에 독소가 많아 장의 연동운동이 무뎌진 결과로 나타나는 현대인의 고질적인 병폐이다.

무거운 배를 안고 살다가 어느 날 시원스럽게 빠지고 나면 그 개운함으로 10층 아파트 계단은 단숨에 뛰어오르고 싶어질 정도이다. 어떤 것을 먹던 변이 시원하게 나오면 우리는 그 식품이 최고라고 여기며 침이 마르도록 칭송한다. 해독과 함께 변비가 해결되는 이런 반가운 일만 있으면 좋겠지만 문제는 불편함을 동반하는 명현현상이다. 게다가 겪을 때마다 그것이 명현현상이란 것을 잊어버리는 것도 문제 중의 문제이다. 오랫동안 해독을 하고 다양한 프로그램을 적용해 본 나부터도 불편함이 생길 때마다 명현현상이라고 생각하지 못한다. 병증으로 여기고 더 심하면 병원 갈 생각부터 한다. 그런데 이상하게도 명현현상은 청개구리 성질을 닮았는지 병원에 가려고 마음만 먹으면 감쪽같이 사라진다. 그리곤 자신이 겪던 고질적인 증세 중 어느 부분이 사라진 것을 알게 되고서는 "옳아, 명현현상이었군!" 하며 무릎을 탁 치게 된다.

나는 공복에 쌀누룩요거트를 마신 지 꼭 1주일 만에 명현현상으로 보아야 할 경험을 하였다. 마치 코피를 흘렸을 때만큼 기억이 생생하다. 이 경험을 말하기에 앞서 먼저 약 1년 정도 왼쪽 팔의 통증이 심했다는 점부터 일러둔다. 당시 나의 왼쪽 팔은 굵은 고무줄로 바짝 조여서 묶은 듯했다. 통증이 심해서 팔목에 힘을 주지 못하니 방문의 손잡이도 돌릴 수 없을 정도였다. 여러 차례 해독 프로그램을 경험해 온 나로서는 웬만한 통증은 독소에 의해 비롯된다는 사실을 확신하므로 팔의 통증도 해독이 시급하다는 뜻으로 받아들였다.

쌀누룩요거트를 마시고 1주일쯤 뒤에 갑자기 두통이 너무 심했다. 두통이 심하니 속도 메스꺼웠다. 열도 있어 눈에는 핏발이 서고 침침했다. 두통은 점점 더 심해져 마치 정수리 부근을 송곳으로 콕콕 찔러대듯 했다. 견디기 힘들어서 타이레놀을 연달아 두 알 씩 삼켰다. 증세가 3일간 지속되자 급기야 응급실에라도 가야겠다고 마음을 먹었는데 감쪽같이 두통이 가라앉기 시작했다. 그리고 말이 되지 않는 이상한 일이 생겼다. 왼쪽 팔을 칭칭 감싸고 있던 고무줄이 툭 하고 끊어진 듯, 팔의 통증이 가라앉은 것이다. 믿어지지 않아서 손목을 돌려보고 팔을 어깨 위로 올렸다 내렸다,

좌우로 크게 비틀고 풀기를 반복했다. 그제야 나는 심했던 두통이 명현현상이라고 믿게 되었다. 이런 현상을 어떻게 의학적으로 설명할 수 있을지, 항상 의문이긴 하다.

> "서양 의학에는 '항상성恒常性 유지'라는 의학 이론이 있지만, 인체의 치유반응에 대한 체계적이고 정확한 논리가 없다. 따라서 현대 서양의학만 공부한 의사나 영양학자에게 호전반응은 부작용으로 받아들여진다. 이들은 때로 이해할 수 없는 증상이 나타나면 불가사의한 인체의 변화에 어쩔 줄 몰라 한다. 심지어 호전반응을 질병의 악화반응으로 착각해 부작용을 들먹이면서 대체의학계의 목소리를 묵살하곤 한다."
>
> -『건강메시지 호전반응』 최혜선·조종술

'어떻게 이런 일이 일어났을까?'

아침 공복에 마셔댄 쌀누룩요거트 이외는 다른 요인이 없었다. 독소는 곱게 물러나는 것이 아니라는 사실과 함께 심했던 두통은 명현현상으로 받아들였다. 이 놀라운 경험으로 나는 쌀누룩의 가치를 인정해야만 했다.

나는 창업지도하는 공방 선생이어서 그런지 몰라도 늘 스스로 '왜 이렇게 만들지? 왜 똑같은 방법으로 복제하고 있지? 좀 더 좋은 방법은 없을까? 왜 이걸 놓치고 있지? 왜 핵심 내용이 없지?' 하는 식의 질문을 습관처럼 한다. 질문을 던지다 보면 아무리 레드오션이라고 하는 분야도 성장의 여지는 무수하다. 단순한 예를 들자면, 나는 수제청을 만들 때도 '3개월 숙성이 아닌데 왜 이렇게 설탕을 많이 섞지? 색을 진하게 하기 위해서 굳이 색소가 들어간 농축액까지 써야 하나, 다른 방법은 없을까?' '고농축 착즙청이라 하여 과일을 모두 착즙 하거나 갈아버리면 그건 수제청이 아니라 주스가 아닌가? 착즙액에다 설탕까지 타서 먹을 게 뭐람. 차라리 100% 오렌지 주스를 마실 것이지.' 등등 좀 더 건강하게, 좀 더 맛있게 만들 수 있는 방법은 없을지를 여러 각도에서 생각했다.

음식 관련 공방이라면 거의 대부분 수제청을 만들거나 가르친다. 수제청으로 창업하려는 분들도 헤아릴 수 없이 많다. 그러니 '어떻게 살아남을 것인가?'를 염려한다면 문제의 요소를 찾아 작은 것 하나라도 개선하려는 생각을 가지고 답을 찾아야 한다. 즉 차별화가 필요하다. 남들과 같은 방식으로, 배운 레시피대로 답습하며 연구를 게을리하는 사람이 성장할 가능성은 희박하다. 기존의 문제점을 찾아서 해결하기 위한 노력을 하면 조금씩이라도 전진할 것이다. "나는 모든 면에서 날마다 더 나아지고 있다."는 에밀 쿠에의 말을 자기 암시로 삼자.

전통주를 공부하러 갔다가 쌀누룩요거트 레시피를 얻었다. 디톡스와 발효를 접목한 나에게는 누룩을 보는 다른 눈이 있었다. 말하자면 디톡스와 발효에 대한 통찰이다.

'누룩이 무엇인가?'

누룩은 곡식의 당을 분해하는 효소이다. 발효제, 당화제 이런 낱말의 의미를 떠나서 누룩을 효소로 바라보면 해독을 위해서 이 얼마나 귀한 보물이 될 것인가. 나는 얼른 쌀누룩요거트의 레시피를 짚어가며 만들기 시작했다. 물로써 당도를 조절하지 않고 농도를 달리 하기 위해 기존의 레시피를 버리기로 했다.

예상했던 대로 농도가 제법 진하게 나왔으며 당도도 만족할 만하다. 그러나 문제는 역시 온도였다. 발효하는 동안 온도 변화를 관찰하였다. 생각보다 온도가 심하게 올라간다. 고온일수록 풍미는 있지만 염려되는 것은

※ 나의 쌀누룩요거트 탐구일지

·레시피를 달리하였다.

⋯→ 쌀누룩 460g, 찹쌀 500g, 물 1,100cc

·발효과정은 기존의 방식대로 한다.

⋯→ 보온밥솥의 뚜껑을 열고 김발을 얹어 10시간 발효한다.

누룩이다. 쌀누룩이 사멸하지 않도록 보온밥솥의 뚜껑을 열고 발효를 하지만 온도가 무려 80℃ 가까이 올라간다. 누룩은 말 그대로 곰팡이균이자 연약한 미생물이다. 사람도 50℃ 물의 사우나탕에 들어가려면 화상을 염려해야 한다. 하물며 미생물이 그 높은 온도에서 살아남을 수 있을지 의문이다. 물론 예상하지 못할 정도로 강한 생명력을 가진 독종은 있을 터이지만. 이 방법대로 만들다간 누룩의 효소 역할을 기대하기는 어렵다. 그렇다면 차라리 달달한 호박식혜를 마실 일이다. 굳이 약간의 누룩 냄새가 나는 이 음료를 마실 이유가 없지 않은가?

'왜 이렇게 만들지?'

발효 온도에 대한 의문이 생긴다. 쌀누룩을 살려서 효소 역할을 기대하려면 발효 온도를 낮추어야 한다. 효소를 섭취하기 위해서 누룩취와 신맛을 감수해가며 일본식 전통음료인 쌀누룩발효음료를 마시려고 하는 것이다.

'발효 온도를 낮추자.'

온도 문제는 내가 쌀누룩발효음료를 만들면서 가장 핵심으로 생각한 부분이었다. '당도를 조절하고 누룩의 냄새와 신맛도 잡자. 원칙은 건강이다. 맛과 당도를 잡기 위해서 어떤 첨가물을 사용해서는 되지 않는다. 발효 온도를 낮추고 당도와 맛을 잡기 위해서 오로지 원재료인 쌀누룩으로만 문제를 해결해 보자.' 해결해야 할 과제가 분명해졌다. 직접 맛을 본 일본의 아마자케도 정상적인 발효에서 나올 수 있는 당도 이상이었다. 달아도 너무 달아서 입에 한 모금 넣자마자 바로 뱉을 정도였다. 참고로 쌀누룩요거트의 단맛과 당도에도 관심을 가져 보자. 단맛이 진실한 누룩 자체의 당화에 의한 천연의 단맛인지? 그리고 정상적인 당도인지? 따져볼 볼 필요는 있다. 왜냐하면, 우리는 건강을 위해서 이 음료를 마시기 때문이다.

'왜 꼭 저렇게 해야 할까? 왜 왜 왜?'

질문을 던지다 보면 풀어야 할 과제도 명확해진다.

"끊임없는 질문은 본질에 접근하는 힘이다. 다른 세상을 보는 질문의 힘으로 나만의 산타크로스를 만들라." 박용후는 그의 저서 『관점을 디자인하라』에서 이렇게 말했다. 스스로에게 질문을 던지고 답을 찾으면 배운 것이라도 모방이 아닌 특별함이 있는 자신만의 가치가 만들어진다. 특별함은 곧 차별화의 전략이다. 차별화가 되어야 틈새시장을 찾을 수 있다. 나에게 특별한 가치가 되어 준 것은 한마디로 쌀누룩 제조법과 저온발효법이다. 배워간 분들로부터 이구동성으로 듣는 말이 "선생님이 만든 것은 달라도 너무 달라요."이다.

※ 쌀누룩요거트 문제의 요소

1. 지나치게 달다.
2. 찹쌀과 쌀누룩에서 나오는 천연당의 맛이 이런 걸까?
3. 누룩의 뒷맛과 신맛이 남아 있다. 아기들이 좋아할까? (신맛에 대해서는 뒤에서 언급할 것이다.)
4. 발효 온도가 지나치게 높다. 쌀누룩이 살아있을까? '효소의 역할을 기대할 것인가?'에 대한 심각한 문제이다.
5. 맛과 당도를 조절하려면 무엇을 잡아야 하는가?
6. 가장 큰 문제는 '쌀누룩의 균을 어떻게 구할 것인가?'이다. 쌀누룩을 자체적으로 생산할 수 있어야 하는데 이것이 가장 골치 아픈 문제이다.

➣ 일본의 코지균으로 쌀누룩을 만들어 보았지만 신맛과 누룩취는 강하게 남아 있었다.

6.
유산균과 섬유질 관계, 저온발효법과 귀리누룩요거트

나는 아토피나 다른 만성질환을 치유하는데 관심을 갖고 쌀누룩을 이용한 다양한 발효음료 제품을 개발하고 있다. 아토피 아기들에게 도움이 될 음료로 쌀누룩요거트를 기존의 제품들과 차별화시켰으며, 만성 변비로 고생하는 분들을 위해서 귀리로 만든 쌀누룩요거트를 개발하여 제품화하는 데 성공하였다. 당뇨와 고혈압 개선에 도움이 될 제품도 개발하였는데, 반응이 좋다. 처음엔 쌀누룩으로 카페 음료를 개발하겠다던 바람이 이제는 만성질환 치유를 위한 음료로까지 확대되었다. 아토피나 만성질환을 치유하기 위해서는 체내의 독소를 배출하고 장내 유익균을 늘려 주어야 한다. 이를 위해서 쌀누룩발효음료가 그 어떤 식품보다 효과가 좋다는 사실이 널리 알려지고 있다. 그러므로 나는 다른 발효영역보다 쌀누룩을 활용한 발효음료 개발에 집중하고 있다. 특히 쌀누룩의 효소를 살리는 데 온 신경을 곤두세운다. 내가 운영하는 모든 커리큘럼은 미생물과 효소의 관점으로 접근하고 있다. 그래서 로푸드생활발효라는 명칭을 사용한다. 효소가 살아있지 않은 음식은 죽은 음식이다. 당연히 해독과 치유 효과를 기대할 수 없다. 효소가 죽은 쌀누룩발효음료보다는 달콤한 망고 주스 한 잔이 더 좋다.

생명의 파수꾼, 효소는 가열하면 거의 파괴된다. 효소를 살리기 위해서는 열을 가하지 않거나 53℃ 이하의 열에서 조리하여야 한다. 이 때문에 생채소와 과일, 발효식품을 효소식품으로 꼽는다. 특히 쌀누룩발효음료는 식초처럼 발효에 발효를 거듭하므로 효소를 듬뿍 섭취할 수 있는 최고의 음식이다. 쌀누룩발효음료를 해독 프로그램의 주인공으로 만들기 위해서는 반드시 쌀누룩의 효소를 살려야 한다. 그러나 앞에서도 지적하였듯이 기존의 발효법에 따르면 발효 온도는 70℃ 이상 올라간다. 쌀누룩 효소의 생사를 의심하지 않을 수 없다.

"효소는 매우 예민한 존재여서 열에 약하다. 48℃에서 2시간, 50℃에서 20분, 53℃에서 2분 만에 효력을 잃는다. 70℃에서도 활성을 보이는 효소도 예외적으로 있기는 하다. 이렇듯 효소는 열에 약하지만, 적당한 열을 가하면 효력을 최대한으로 발휘한다."

효소의 사멸 온도에 대해 일본 효소학 박사인 쓰루미 다카후미가 그의 저서 『효소의 비밀』에서 언급한 이 내용을 바탕으로 나는 아래와 같이 저온발효법을 고안하게 되었다.

쌀누룩요거트 저온발효법, 쌀누룩의 효소를 살려라!

재료	쌀누룩 460g, 찹쌀 500g, 물 1,100cc 물로써 당도를 조절하지 않으며 농도가 진하다. 상대적으로 물의 양이 적다.
만드는 법	1. 찹쌀을 깨끗이 씻어 3~4시간 불린다. 2. 불린 찹쌀로 진밥을 지어서 식힌다. 3. 식히는 동안 계량한 물의 일부를 사용하여 쌀누룩을 불린다. 4. 밥이 식으면 불린 쌀누룩과 나머지 물을 넣고 치댄다. 5. 보온밥솥에서 7시간 발효한다. 여기서 주의할 점은 반드시 53℃를 넘지 않도록 온도 관리를 해야 한다는 사실이다. 일본에서는 60℃ 전후를 유지한다. 6. 발효가 끝나면 깊은 맛이 우러나며 재료 자체의 깔끔한 단맛을 느낄 수 있다. 7. 식혀서 냉장(5일) 또는 냉동 보관한다. ▷▶ 음용법은 책의 끝부분에서 자세히 서술하겠다.

50℃ 저온발효법을 개발하기 위해서 나는 약 6개월간 쌀누룩과 함께 살았다. 쓰루미 다카후미 박사의 이론에 따라 효소와 열의 상관관계를 고려해서 계속 실험을 하였다. 80℃ 가까이 올라가던 온도를 50℃ 안팎으로 낮추어 발효하자니 문제는 쌀누룩의 입자였다. 찹쌀은 진밥을 하였으므로 온도를 낮추어도 별문제가 없지만 고두밥으로 발효시킨 쌀누룩의 입자는 상대적으로 저온에서 잘 퍼지지 않는다. 그러면 쌀누룩의 입자가 입안에서 겉돌아 상품화하기 부적합하다. 게다가 온도를 약 30℃ 정도나 낮추니 깊은 맛도 나지 않을뿐더러 누룩의 잡냄새도 남는다.

해독용으로 레몬이나 자몽을 얇게 썰어서 바싹한 칩으로 만들어 판매하는 분들이 있다. 자세히 들여다보면 레몬의 색이 자주색처럼 검붉게 변색한 것을 볼 수 있다. 효소를 살리기 위해서 46℃ 이하의 열로 건조한다지만 상품성 있을 만큼 바싹하지 않다. 꾸덕꾸덕해서 결국 고온으로 확 말리게 되므로 나타나는 현상이다. 바싹한 레몬 칩을 우려낸 물을 흔히 디톡스용 워터(디톡스 주스, 디톡스 워터 이런 식의 용어는 과거의 기준, 현재는 쓰지 않아야 한다.)라고 한다. 이 사례로 보아도 저온으로 식품을 처리하기는 쉽지 않다. 나 역시 50℃ 발효를 고수하자니 문제가 이만저만이 아니었다. 온도를 확 올리고 싶은 생각이 자주 들었다. 그러나 원칙을 버리면 되지 않는다. 골치 아픈 문제일수록 풀어내는 맛이 있다. 차별화되지 않으면 나만의 특별함은 없다.

저온발효를 하자면 일차적으로 풀어야 할 문제는 쌀누룩의 입자가 먹기 좋게 퍼져야 한다는 점이다. 여기에 포인트를 두고 계속 실험을 해 나갔다. 온도를 낮추니 상대적으로 누룩취와 신맛도 올라온다. 이 풀리지 않은 수수께끼를 두고 약 6개월간 온도와 씨름해 가며 고군분투한 끝에 전통주 빚는 기법에서 아이디어를 얻어 해결했다. 드디어 누룩의 군 냄새를 잡고 쌀알 누룩의 입자를 부드럽게 하는 데 성공했다. 그러나 더 골칫거리는 쌀누룩이었다. 이 이야기는 다음 장에서 풀어나갈 것이다.

저온발효법이 완성되자 나는 변비에 도움이 될 재료 쪽으로 눈을 돌리게 되었다. 모 TV 건강프로그램에서 귀리로 하는 다이어트가 소개되고 난 뒤, 큰 이슈가 되는 것을 보고 '옳거니, 바로 이것이다.'라고 생각했다. 방법은 다르겠지만 독일에서도 귀리 발효제품을 개발하여 수출하고 있다. 귀리는 섬유질 성분이 강한 곡물이다. 유익미생물의 먹이가 바로 섬유질이다. 이런 점에서 귀리로 발효하는 일은 충분한 의미가 있을 것으로 생각했다. 더구나 아직 귀리누룩요거트는 세상에 나온 일이 없는 사상 초유의 제품이 될 것이 분명했다.

귀리는 특성이 아주 강한 곡물이다. 귀리를 물에 불려 보자. 귀리가 푹푹 뿜어내는 지독한 방귀 같은 냄새를 맡을 것이다. 섬유질이 풍부한 귀리와 쌀누룩이 만나면 어떤 결과가 있을까? 귀리의 섬유질와 쌀누룩의 미생물이 만난다. 미생물의 먹이가 섬유질이다. 섬유질이 장내의 노폐물을 끌고 나오는 역할을 하는 데다 미생물의 먹이까지 되니 그 효능은 탁월할 것이다. 이렇게 생각하니 늦은 밤에 홀로 불을 켜고서라도 실험을 해야 했다. 아토피와 변비의 고민을 해결할 수만 있다면.

이제 생각은 아토피에서 변비로 이어졌고, 귀리라는 아이디어를 얻었으니 바로 실습에 들어갔다. 그러나 슬프게도 귀리는 쉽게 문을 열어 주지 않았다. 귀리 자체의 강한 섬유질 성분으로 문제는 더 심각했다. 만들 때마다 생기는 문제는 나를 지치게 만들었고 '그만둘까?' 포기하고 싶은 순간을 여러 번 지나야 했다. 쌀누룩 제품을 많이 판매하고 있는 곳에서도 귀리로 만든 제품을 아직 생산하지 않는 것으로 보아 역시 귀리는 까다로운 문제가 많다는 것을 알 수 있다.

염려가 되어 한 가지 덧붙이겠다. 혹시 현미가 좋다고 생각하여 현미로 발효시켜 보려는 시도를 한다면 나는 말리고 싶다. 도정을 적게 하여 쌀의 단백질이나 지질 성분이 남아 있는 것이 현미이다. 우리 몸속 노폐물의 원천이 무엇인가를 생각해 보자. 분해되지 않은 3대 영양소들이 아닌가? 분해의 대상이 되는 것을 몸에 좋다고 다시 쌀누룩에다 합체할 이유가 있을지? 섬유질만 아니면 굳이 현미를 주장할 이유가 없다고 생각한다. 현미가 좋다는 생각도 이제 바뀌어야 할 시점이 아닐까? 이 부분에 대해서 한방안이비인후피부과 원장 이길영의 말을 들어보자.

> "현미를 비롯한 보리, 밀 등의 잡곡은 백미에 비해 단백질 성분이 많이 들어 있어 아토피 치료 중에는 환자들로 하여금 무조건 흰쌀밥을 주식으로 먹게 한다. 실제로 임상에서 좋다는 말만 듣고 현미나 잡곡밥을 먹고 있던 환자들이 흰쌀밥으로 바꾼 뒤 아토피나 두드러기가 완화되는 것을 자주 볼 수 있다."
> -『바른 아토피 식이요법』

다시 온도계와 보온밥솥을 붙들고 살았다. 나 역시 바 타르틴 레스토랑의 오너 셰프들 못지않게 온도와 시간을 놀이 삼았다. 쌀누룩을 만드는 일에서부터 저온발효법 개발 이후 또 약 6개월 정도 귀리와 쌀누룩, 그리고 밥솥을 끌어안고 다녔다. 확실히 귀리는 찹쌀에 비해 맛이 들쭉날쭉했다. 일정한 맛을 유지하지 못하면 상품화하기는 어렵다. 결과가 실망스러울 때마다 첨가물의 유혹에 끌렸다. 예를 들어 재료의 10% 범위에서 설탕을 첨가하면 고민은 해결된다. 설탕의 단맛으로 이런저런 잡냄새가 커버 된다.

술을 만들 때도 당이 부족하면 설탕을 넣어준다. 10% 당의 첨가, 유혹이 아닐 수 없다. 콤부차를 발효할 때도 10%의 당을 사용한다. 고작 10%의 설탕, 발효과정에서 효모가 깨끗이 먹어 치울 것이다. '무엇이 문제인가?' 여러 번 유혹에 이끌렸다.

실제 이렇게 발효를 해보았다. 문제가 많이 잡혔다. 그러나 쌀누룩의 당화에 의한 순수 단맛과는 분명히 차이가 있었다. 뒷맛이 깔끔하지 못했다. 내가 찾는 단맛은 분명히 아니었다. 천연의 당과 설탕이 첨가된 단맛은 확실히 차이가 있다. 수제청도 설탕의 뒷맛을 잡지 않으면 목이 타는 갈증을 느낀다. 나는 도저히 설탕의 유혹을 받아들일 수 없었다.

첨가물을 사용하지 않겠다는 원칙으로 원하는 맛을 얻을 때까지 실습으로 버려진 쌀과 귀리의 양은 또 얼마나 될까? 말 통으로도 여러 통이다. 맛이 밋밋하거나 신맛과 함께 잡냄새가 나면 혼자 먹고, 부드럽게 일정한 맛이 나오면 나누어서 먹으며 주변 사람들의 반응을 살펴가며 계속 연구를 거듭했다. 쌀누룩을 손에 잡은 지 꼬박 1년이 되어서야 귀리의 문제를 해결할 수 있었다. 비로소 전국을 통털어 유일하게 귀리누룩요거트(귀리쌀누룩요거트)라는 제품을 출시하게 되었다. 드시는 분들마다 효능과 고소한 맛에 놀라워한다. 지금은 소량 생산하며 창업지도 시에 기술을 모두 알려드리고 있다. 마케팅에 주력하지 않고 계속 기술만 알려드리고 있으니 마음이 흔들릴 때가 있다. 먹어본 분들은 찹쌀보다 귀리로 발효한 것을 더 좋아한다. 귀리의 강력한 섬유질이 발효로 부드러워져 위에 부담이 없으며 맛이 있어 위장 장애와 변비로 고생하는 분들이 좋아한다. 기술을 전수하면서 아깝게 느껴질 정도이다.

실제 귀리는 찹쌀보다 배변 활동에 많은 도움을 주고 맛도 좋아 판매율도 더 높다. 한번 먹어본 분들이 효능을 보고 다시 찾는다. 이제 고혈압과 당뇨를 위한 발효음료도 개발하여 기술을 전수하고 있으며 디저트 분야까지 다양한 시도를 하고 있다. 클렌즈주스, 전통발효식초와 막걸리식초음료, 건강 수제청, 전통차, 그리고 무엇보다 쌀누룩 제조와 쌀누룩발효음료의 기술을 가진 나는 생활형 디톡스 강사이자 발효유산균음료 분야의 최고 전문가로 우뚝 서게 되었다. 자신만의 차별화된 기술을 가지고 있으면 비록 경륜이 짧다고 해도 그 분야 최고 전문가로 인정받을 수 있다는 사실을 증명해 보이고 있다. 주어진 레시피만 태평하게 바라보면 어느 것도 눈에 뜨이지 않는다. 조금만 신경을 쓰고 위에서 내려다보기도 하고 옆으로 돌려서도 보자. 전체를 펼쳐 놓고 위에서 조망하듯 내려다보면 그 속엔 공통적인 요소도 있지만 유독 돋보이는 개성 강한 것도 있다. 이 개성 강한 것을 주워서 다듬으면 자신만의 진주로 키울 수 있다.

식초와 전통주, 쌀누룩요거트를 펼쳐놓고 보니 나는 누룩이라는 공통분모를 보았다. 누룩의 양으로 비교해 보니 내 눈에 확 들어오는 개성 강한 것이 있었는데 바로 쌀누룩요거트였다. 나는 이것을 발효식품 중에서 가장 개성이 강한 덩어리로 보았으며 쉬지 않고 다듬어 왔다. 그 덕분에 현재 쌀누룩을 활용한 발효음료 분야에서 나만의 확실한 진주를 키우고 있다. 쌀누룩에 얽힌 나의 스토리가 브랜드가 되려는 참이다. 건강 카페 음료를 개발하고 가르치던 사람에서 이제는 '만성질환'의 치유를 돕는 보조자로서 역할도 한다. 발효음료 클렌즈 과정도 만들었다. 앞으로도 나는 해독력 있는 발효음료를 개발하는 일을 게을리하지 않겠다. 고혈압과 당뇨 개선에 도움이 될 저온발효법의 양파발효액과 비트발효액은 또 하나의 명작이 되고 있다. 드셔 본 분들이 놀라워한다. 양파와 비트의 효능을 최대로 살리고 가장 맛있게 먹을 수 있는 방법이 저온발효법으로 만드는 발효액이다.

노력 없는 성공은 없다. 흘린 땀은 결과로 돌아온다. 물론 그렇지 않은 경우도 내 인생에 없지는 않았지만(나는 교직 생활 내내 교감 승진에 매달렸지만 좌절했고 결국 명예퇴직이라는 선택을 했다.) 성공은 반드시 노력이라는 고통을 지나야 얻을 수 있다는 것은 진리이다. 늦은 밤에도 홀로 불을 켜고 고심하는 사람들이 있다. 하나의 길이 막히면 다른 곳에서 길이 열리니 결과적으로 노력은 결코 배신하지 않는다는 사실을 믿어야 한다. '내가 어떻게 이 값진 보물을 캘 수 있었을까?' 쌀누룩 제조법과 저온발효법, 귀리누룩요거트를 생각하니 그렇다.

7.
맛보다 효능, 첨가물 없는 쌀누룩요거트

쌀누룩요거트는 다른 발효음료에 비해 남녀노소 누구나 좋아할 대중성 있는 음료가 될 가능성이 크다. 그러나 한편으로 쌀누룩발효음료에 대한 맛의 기대가 식초, 막걸리와는 다르기 때문에 걱정되는 부분도 있다. 식초는 신맛이고 막걸리는 시큼 텁텁한 맛이라는 걸 당연히 받아들이지만 쌀누룩발효음료에 대해서는 감미로운 시판용 요거트의 맛을 기대할지 모른다. 누룩으로 발효한 음료에도 달콤하고 향기로운 맛을 기대한다면 어떤 결과를 가져올지?

생산자 입장에서는 소비자가 원하는 맛의 기준에 맞추기 위해 어떤 대안과 방도를 찾지 않을 수 없다. 건강도 중요하지만 마케팅 측면에서 소비자의 기호는 매우 중요한 요소이기 때문이다. 쌀누룩발효음료에 기대하는 맛이 달콤함이라면 생산자는 첨가물을 사용해서라도 그런 맛의 기준에 맞는 제품을 생산할 수밖에 없다. 우리가 쌀누룩발효음료를 마시는 이유를 생각해 보면, 달콤한 맛보다는 효능을 먼저 생각하는 것이 바람직하지 않을까? 쌀누룩요거트의 맛에 대한 이야기를 해보자.

쌀누룩요거트의 맛에 대한 문제는 단맛과 당도, 신맛, 누룩취 세 가지로 집약할 수 있다. 쌀누룩발효음료의 본고장인 일본에서 시판되는 제품들도 첨가물이 많이 들어가는 것을 맛으로 확인하였다. 발효제품을 유통하기 위해서 살균처리를 하거나 보존제를 사용하지 않을 수 없을 것이다. 여기서 이런 문제는 언급하지 않겠다. 다만 일본의 균으로도 쌀누룩을 만들어 본 경험에 비추어 맛의 측면에서 짚어보고자 한다. 이런 주장을 하는 목적은 앞으로 쌀누룩이 널리 알려지고 다양한 제품이 출시될 경우, 여러 첨가물을 혼합하지 않을 것이라는 보장을 할 수 없기 때문이다. 이럴 경우 소비자는 첨가물을 사용하지 않은 원칙적인 쌀누룩발효음료의 맛에 대한 기준이 있어야 할 것이다. 우리가 쌀누룩발효음료를 마시는 이유는 단 한 가지 건강을 위해서이다. 참고로 일본의 균으로 만든 쌀누룩에서도 신맛과 누룩취는 현저하게 남아 있었다. 기본적으로 누룩취와 신맛은 발효의 참맛임을 이해하기 바라는 마음이다.

만약 당신이 처음 쌀누룩발효음료를 맛보았을 때 “어머 달고 맛있어!” 이런 말이 저절로 나오고, 몇 차례 더 마신 후에는 “아이 참, 너무 달아서 원!” 이런 반응을 보일 경우를 생각해 보자. 처음 맛을 보았을 때는 달아서 좋았지만 곧 질리게 되거나 혹은 식혜와 비슷한 맛을 느낀다면 이건 무엇을 말하는 것일까? 쌀누룩의 당화 작용에 의한 천연의 당은 뒷맛이 깔끔하지만 당도에도 한계가 있다.

쌀누룩요거트의 맛이 지나치게 달다면 그 원인은 무엇일까? 나는 이 궁금증을 풀기 위해서 많은 연구를 거듭하였다. 모든 정답은 쌀누룩 자체에 있을 것으로 생각해서 쌀누룩을 다르게 만들어 쌀누룩요거트를 발효하는 실험을 거듭했다. 시간과 노력이 많이 소모되는 실험이었다. 일본의 코지균(구하기 어렵다고만 하겠다.)을 구해서 만들어도 보았다. 결과는 예상했던 대로였다. 쌀누룩이 균을 접균시켜 발효한 개량 누룩이지만 누룩은 누룩이다. 쌀누룩으로 발효한 음료에 약간의 누룩 냄새와 신맛이 남는 것은 당연하다. 그리고 쌀누룩과 곡물 재료 자체가 내는 천연의 단맛은 설탕이나 다른 감미료가 들어간 단맛과는 확실히 다르며 당도에도 한계가 있다. 이는 일본의 코지균으로 만든 쌀누룩으로 발효한 맛으로도 확인할 수 있었다.

지나친 단맛은 어떻게 만들어진 것일까? 당도를 높이고 뒷맛을 잡기 위한 어떤 비밀이 숨어있지 않을까? 미루어 짐작해 볼 수 있는 문제이다. 확언하건대 쌀누룩과 재료 자체로는 지나치게 높은 당도가 나올 수 없으며 누룩의 맛이 조금이라도 남기 때문이다. 이런 말을 하는 이유는 소비자의 입장에서도 쌀누룩발효음료에 시판용 음료의 맛을 기대하는 것은 무리라는 것이다. 적절한 단맛에 약간의 누룩취가 남아도 건강을 위해서 이보다 더 고마운 음료는 없을 터이므로.

다른 문제점은 신맛이다. 이 부분은 누룩곰팡이와 효모, 젖산균, 초산균의 특성을 이해하므로 잡을 수 있게 되었다. 신맛보다 깔끔한 단맛의 여운이 남는 전통주처럼 발효과정에서 특히 젖산균의 특성을 잘 다스리므로 신맛을 어느 정도 잡아낼 수 있었다. 그러나 발효의 참맛은 신맛임을 이해하기 바란다. 만약 당신이 만든 쌀누룩요거트에서 신맛이 강하게 느껴진다 해도 너무 실망하지 않기를 바란다. 발효의 주인공은 효모와 젖산균이며 신맛의 주인공은 젖산균이다. 젖산균이야말로 당신의 장에 꼭 필요한 유산균임을 잊지 말자. 신맛과 단맛의 조화를 잘 다스리는 분이 맛있는 술을 빚는 전통주 장인이라고 보면, 쌀누룩발효음료에서도 이와 같은 기술이 필요한 건 사실이다. 쌀누룩발효음료의 모든 해법은 오로지 쌀누룩제조법과 음료의 발효법에 달려있음을 강조한다. 쌀누룩발효음료의 맛에 대한 내용을 요약하면 다음과 같다.

1. 쌀누룩요거트의 재료는 오로지 쌀누룩과 곡류, 물이어야 한다.
2. 천연의 단맛은 깔끔하며 당도가 지나치게 높지 않다. 적절한 단맛은 쌀누룩이 좌우한다.
3. 발효에서 누룩의 냄새와 신맛을 이해하고 받아들이자.
4. 엿기름을 사용하여 마치 식혜를 만들 듯이 하지 않아야 한다.
5. '좀 편한 방법이 없을까?' 해서 발효기에 온도와 시간을 세팅하고 발효를 해 보았다. 많이 싱거웠고 원하는 맛이 나오지 않았다. 미생물도 기계에 의해 길러지는 것을 원하지 않는 듯했다. 공을 들인 정도에 의해서 맛과 효능이 좌우됨을 잊지 않아야 한다. 발효의 참맛은 느림과 수고로움에서 나온다.

오랜 연구 끝에 나는 쌀누룩 자체만으로 당도를 조절하고 누룩의 냄새를 잡게 되었다. 더구나 일본의 균을 사용하지 않고서 말이다. 이는 소비자가 기대하는 맛에 최대한 부합하도록 오랫동안 연구 실험한 결과 찾아낸 노하우라고나 할까? 처음 발효를 시도하는 분이라면 신맛을 다스리기까지는 어려울 수 있다. 그러므로 자신이 만든 쌀누룩요거트의 맛이 조화롭지 못하다 해도 실망하지 않기를 바란다. 지나친 당도와 깔끔하지 못한 단맛을 경계하고 누룩취와 신맛이 발효의 참맛임을 너그럽게 수용하면 당신이 만드는 쌀누룩요거트도 훌륭하다.

감미로운 음료는 세상에 흔하고도 흔하다. 그런데 굳이 쌀누룩요거트를 마시는 이유가 무엇인가? 누룩이라는 말이 감성적 매력이 있어서 이 음료를 찾는 것이 아니다. 누룩에 대해 관심을 가진다면 이는 건강에 대한 기대감 때문이다. 쌀누룩의 맛에 대한 특성을 이해하고 자주 만들어서 건강음료로 활용해 보자. 식초와 전통주보다는 발효과정이 까다롭지 않다. 어쩌면 이들 음료보다 건강에 더 큰 효능을 기대할 수 있다. 쌀누룩발효음료는 누룩이 많이 들어가며 식초와 마찬가지로 두 번 발효한다. 비록 약간의 까다로운 맛을 잡지 못한다 해도 식초와 전통주 맛에 비할 바가 아니다. 아토피 아기들도 두 다리 쭉 뻗고 벌떡벌떡 들이킬 수 있으니 세상에 고마운 음료이다.

※ 쌀누룩요거트의 맛과 효능을 살리자!

1. 쌀누룩과 재료만으로 맛과 당도를 잡아야 한다.
2. 쌀누룩의 효소를 살리기 위해서 반드시 발효 온도를 관리하자. 50도 발효법을 지키자.
3. 기계발효를 권하지 않는다. 맛에서 현저히 차이가 난다.
4. 지나치게 달거나 깔끔하지 않은 단맛을 경계하고, 어느 정도 누룩의 맛에 호감을 갖자.
5. 그러나 당도와 누룩의 냄새를 잡을 수 있었으니 쌀누룩발효음료는 남녀노소 누구나 좋아할 맛이다. 우유나 두유, 코코넛워터를 대신해 스무디를 만들어 카페음료로 활용해 보자.
6. 양파와 비트가 혈압과 당뇨에 좋다고 하니 최고로 효능을 살려서 맛있게 먹어야 한다. 방법은 다르지만, 이 또한 저온발효하면 효소가 살아있다. 맛은 양파주스 같다. 이보다 좋은 활용법은 없다.
7. 쌀누룩은 다양하게 활용할 수 있는 기본재이다. 전통 누룩만 최고라는 시각에서 벗어나자!

누룩에 대해서는 뒷장에서 설명할 것이다.

4장

쌀누룩을 알고 나니 풀리는 것들

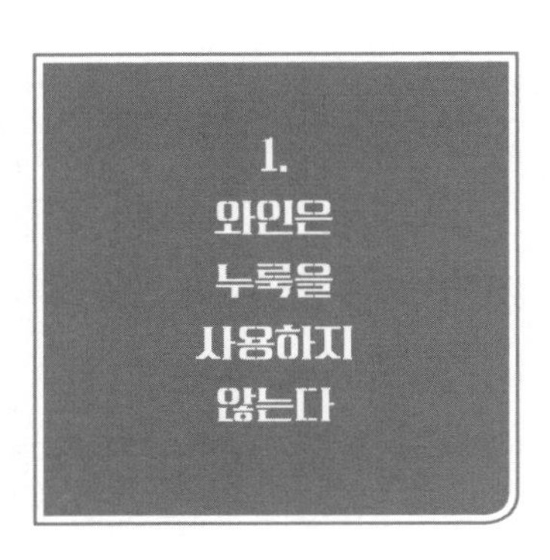

사과식초 담는 사진을 블로그에 올린 일이 있다. 사과를 얇게 썰어 고두밥과 누룩으로 버무려서 식초 발효하기 위한 작업이었다. 내가 주로 빚는 술은 먹기 위한 술이 아니라 알코올 도수를 조절하지 않고 바로 식초발효로 가는 술이다. 참고로 술이 식초가 되기 위해서 알코올 도수는 6~8%가 알맞다. 그러나 종초를 사용하기 때문에 알코올 도수를 다시 조절하지 않으려면 술을 만드는 레시피를 달리해야 한다. 사과를 누룩과 고두밥으로 치대는 사진을 본 블로그 이웃 한 분이 댓글을 달았다. 그분의 사이트를 추적해 보니 시골에서 전통식초를 생산하는 분이셨다. 당연히 식초의 원리를 잘 알며 누룩과 술에 대해서도 마찬가지일 것이다. 그분은 내가 식초술을 담는 방법에 의문을 가지고 댓글을 주신 것이다.

"과일주를 빚는 데도 누룩을 사용하나요?"

이렇게 질문을 했다면 나 또한 부드럽게 답을 했을 것이다. 그러나 그분은 "왜 과일주에 누룩을 넣나요?"라고 댓글을 달아 마치 내가 식초를 잘 모르는 안타까운 사람으로 여기는 듯했다. 그 댓글은 '과일로 식초를 만드는 데 누룩이 필요 없다는 것을 모르고 식초를 가르치나요?' 묻는 것 같았다. 물론 그분의 말씀은 원칙적으로는 맞다. 댓글을 처음 보았을 때 적잖이 당황했고 나는 그분의 댓글에 이러한 답을 달았다.

"천왕봉 올라가는 길이 어디 중산리 쪽만 있나요? 쉽고 빠르게 오를 수 있는 지름길이 있으면 그 길로 가는 것이 더 좋은 방법이 아닐까요?"

다행히 더 이상의 논쟁은 없었다. 왜 이런 이야기가 오고 갔을까? 과일과 누룩은 정말 어울리지 않을까?

누룩은 왜 필요한가?

식초는 술에서 만들어지며 술은 누룩이 있어야 한다. 자연히 누룩이 없으면 식초도 없다. 이처럼 누룩은 우리의 전통식초를 만들기 위해서는 필수 재료이다. 한편 술과 식초는 근본적으로 누룩에 따라서 맛과 향이 좌우되므로 전통주와 식초를 만드는 분들은 최상의 누룩을 찾으려 노력한다. 생강술을 맛있게 빚기 위해서 생강 누룩을 사용하면 풍미가 더 깊다. 시판용 누룩은 종류에 한계가 있으므로 전통주를 맛있게 빚으려면 한 단계 더 나아가 자신의 취향에 맞는 누룩을 만들어 사용하기도 한다. 우리는 술을 빚어 식초를 발효하기 위해서 반드시 누룩이 필요하다. 그렇다면 이탈리아나 스페인 사람들도 와인을 발효할 때 누룩을 사용하며 누룩을 잘 알고 있을까? 결론적으로 말하자면 그렇지 않기 때문에 내가 사과주를 담는데 누룩을 사용하는 것을 보고 의문스럽다는 견지에서 댓글을 주신 것이다. 이처럼 모든 술을 제조하는 과정에 누룩이 필요한 것은 아니다. 그러면 누룩은 어디에 사용하며 왜 필요한 것일까?

기본적으로 누룩은 곡물의 전분을 분해하여 효모가 술을 만들 수 있도록 하는 효소제이다. 알코올 발효의 주인공인 효모는 누룩이 분해해 놓은 곡식의 당을 먹고 발효를 일으킨다. 다시 말해 곡물의 경우, 누룩의 효소가 곡식의 전분질을 분해, 당화시켜 주어야 효모가 이 분해된 당을 먹고 알코올 발효를 할 수 있다. 누룩이 곡식의 당을 효모들이 먹기 좋게 잘라 주는 역할을 하므로 나는 항상 누룩을 가위에 비교한다. 우리 조상들은 곡식으로 술을 빚고 식초를 발효해 왔으므로 발효 과정에서 가장 기본적으로 사용했던 것이 누룩이다. 밀, 쌀, 보리, 기장, 조 등을 이용해서 좋은 누룩을 만들어 왔다. 참고로 전통누룩을 사용한 막걸리 맛을 보려면 부산의 '산성막걸리'가 있다. 그렇다고 누룩이 전분을 분해 하는 것으로 제 역할을 끝내는 것이 아니다. 발효 과정에 관여하며 발효를 촉진시키는 발효제 역할도 한다. 이 때문에 과일로 알코올 발효를 할 때도 누룩을 적절하게 사용하면 발효 기간을 단축할 수 있다.

과일도 누룩이 필요한가?

과일은 이미 포도당과 과당으로 분해되어 있어 바로 효모의 먹이가 되므로 곡식처럼 따로 누룩의 당화작용 없이 알코올 발효가 일어난다. 과일로 술을 만들 경우는 기본적으로 누룩이 필요 없다. 과일만으로 당도가 부족하면 필요량만큼 설탕을 더 넣어주면 자연스레 알코올 발효가 일어난다.

효모가 알코올 발효를 일으키는데 가장 적절한 당도는 24brix(전반적인 발효에서는 10brix)이다. 당의 농도를 24brix에 맞추면 자연스레 알코올 농도 13%의 술이 만들어진다. 예로 토마토를 이용해 천연발효식초를 만든다고 하자. 초산 발효에 알맞은 알코올농도는 약 6~8%이므로 실제 필요한 당도는 24brix가 아니라 15brix이다. 참고로 당도에 0.57을 곱하면 대략적인 알코올 도수가 예측된다. 토마토의 당도가 보통 5brix이므로 당도를 15%에 맞추면 식초발효로 갈 수 있다. 따라서 토마토 양의 약 10% 만큼 보당을 해주면 자연히 토마토 술이 되고 시간과 온도 조건에 따라 식초발효도 일어난다. 그러니 과일로 식초를 발효시키는 경우 알코올을 만들기 위해 따로 누룩을 첨가할 필요가 없다는 뜻이다.

발사믹 식초로 유명한 이탈리아나 스페인, 사과 식초를 주로 생산하는 미국의 경우 누룩을 사용하지 않는다. 그러니 이들 지역에서 누룩을 잘 알 리 없다. 결론적으로 곡식 식초를 만들기 위해서는 누룩이 필요하지만 과일 식초를 만드는 데는 누룩이 필요하지 않다. 이런 견지에서 내가 사과 식초를 담기 위해 술을 만드느라 고두밥을 쪄서 누룩을 넣고 치대는 장면을 블로그에 올렸으니 이를 딱하게 여긴 분께서 댓글을 주신 것이다. 당연한 지적이다. 그러나 우리가 무엇을 하든 반드시 한 가지 방법만을 고수할 필요는 없다. '쉽고 빠르게'라는 합리성을 근거로 작업의 결과물까지 기대 이상의 효과를 낸다면 어느 정도의 변칙도 필요한 법이다. 변칙이라 해서 기본을 무시하는 것은 아니다. 오히려 잘 활용하면 응용이고 창의적이다. 알코올 발효에서 기본은 효모와 당의 관계이지만 누룩도 효모이므로 발효제로서 역할을 한다. 과일과 누룩을 나무랄 이유가 없다.

과일 막걸리는 어떻게 만들어지는 걸까?

막걸리를 빚기 위해서 어차피 누룩과 고두밥이 필요하다. 여기에 과일을 첨가하여 알코올 발효를 시켜보자. 막걸리에 과일 주스를 타서 마시는 과일 막걸리도 좋지만 아예 발효 단계부터 과일을 넣고 만든 과일 막걸리에는 주모인 효모, 효소 역할을 하는 누룩, 게다가 과일의 성분까지 모두 포함되어 있다. 발효에서 맛볼 수 있는 은은한 과일 향을 느낄 수 있다. 하나에 하나를 더하면 셋 이상의 시너지 효과를 낼 수 있다는 생각을 하면 발효의 세계도 무궁한 발전이 있을 것이다.

누룩을 띄운다고 야생의 곰팡이를 불러 모으는 전통 방식도 좋지만 우수한 품종의 균을 접균하여 만드는 누룩도 필요하다. 물론 이런 방법으로 만드는 누룩은 일본식 개량누룩이다. 쉬운 발효법이라야 발효의 생활화가 가능해진다. 또한 발효의 응용 세계를 무궁무진하게 열어 갈 수 있다. 비록 일본의 방식이지만 유용하다면 활용해야 한다. 물론 전통을 지키는 일은 더 중요하겠지만.

✰ 과일 막걸리 핵심 포인트

1. 막걸리를 담을 때 처음부터 과일을 넣는 경우, 과일의 진한 향을 느끼기에는 부족한 맛이다.
2. 막걸리에 과일 주스나 과일청을 타는 경우, 막걸리를 가장 맛있게 즐길 수 있는 방법이다.
3. 슈퍼나 마트에서 주로 판매되는 과일막걸리는 인공 과일 향이 첨가된 경우이다.

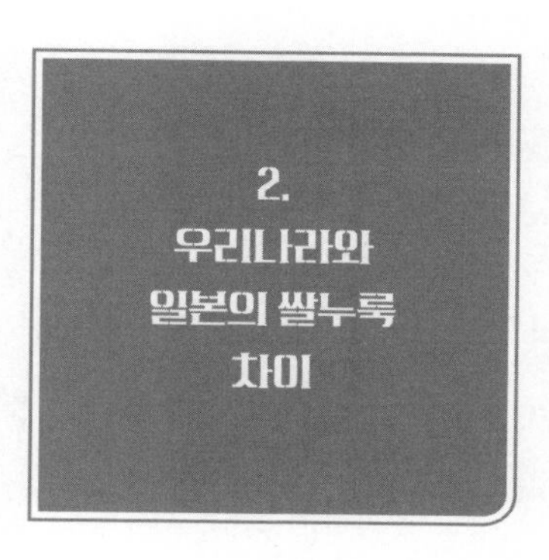

술과 식초는 연장선으로 이어지는 관계이지만 발효를 하는 분들을 보면 대개는 식초와 술을 각각 분리해서 자신의 전문 영역으로 하고 있다. 전통주와 식초를 만드는 분들 사이에 어느 정도 경계선이 있는 것을 볼 수 있다. 술을 잘 담지만 식초의 경험이 부족하거나 식초를 잘 만드는 분들 중 전통주에 대한 이해가 부족한 분들이 있다. 이는 식초를 만드는 술과 일반적인 술이 다르기 때문이다. 나의 경우는 식초를 먼저 공부하다가 술의 필요성을 느껴서 전통주를 배웠다. 또 전통주를 배우다 보니 누룩을 알아야 했기에 누룩에 대한 공부도 하게 되었다. 더 나아가 누룩을 공부하다 보니 자연히 미생물도 알아야 했다.

결과적으로 나는 식초에서 술, 술에서 누룩, 역순으로 공부한 셈이다. 식초에서 누룩에 이르기까지 거꾸로 배우다 보니 많은 시간을 들이고 꽤 어려운 과정을 거쳐서 공부를 해야 했다. 특히 이런 일련의 과정을 핵심을 담아 엮은 자료가 없고, 가르치는 분들도 자신의 경험 위주로 이야기하다 보니 공부하는 데 많은 어려움을 겪었다. 학습 과정이 방대하고 이론마저도 중구난방 격인지라 발효를 공부하기 어려운 것이 사실이다. 물론 이런 점은 거꾸로 생각하면 오히려 매력적이기도 하다. 쉽게 접근하기 어려우므로 어느 정도 발효 전반에 대한 지식과 경험을 쌓아두면 나처럼 공방 선생의 입장에서도 다른 경쟁자들과 차별화되는 이점을 가지게 된다. 경쟁자들의 진입장벽이 높은 차별화된 클래스를 운영할 수 있는 것이다. 내가 쌀누룩의 문제를 깊게 팔 수 있었던 것도 발효를 두루 공부하였기에 가능한 일이다.

발효 공부의 시작은 식초와 술, 어느 부분이라도 좋지만 역시 중요한 것은 누룩이다. 발효 전체적인 맥락에서 누룩을 알아야 쌀누룩에 대한 이해도 쉽다. 요컨대 관심이 커지고 있는 쌀누룩의 가치를 제대로 알고 잘 만들 수 있으려면 누룩과 술, 식초 전반에 대한 이해가 필요하다는 것이다. 이런 의미에서 나는 누룩에서부터 술과 식초에 이르기까지 일련의 선으로 놓고 발효음료 커리큘럼을 만들어 강의를 하며 기술을 전수하고 있다. 쌀누룩과 쌀누룩발효음료의 가치를 제대로 알고 만들기 위해서도 누룩에 대한 이해가 필요하다.

누룩의 주인공은 누룩곰팡이, 효모, 유산균(젖산균)

술 발효는 미생물과 온도, 산도를 잘 관리해야 하는 까다로운 작업이다.

술의 맛이 시큼털털하다면 원인이 무엇일까? 시큼한 맛의 주인공은 바로 젖산균이다. 김치는 젖산발효의 대표적인 예이다. 술 발효에서도 젖산균은 누룩곰팡이가 만들어 놓은 당을 먹이로 젖산을 생성하여 술의 맛을 감칠나게 한다. 또한 젖산균은 발효과정에서 잡균의 증식을 억제하므로 좋은 술을 만들기 위해서는 꼭 필요하다. 그러나 젖산발효가 왕성하면 신맛이 강해지므로 효모의 알코올 발효와 적절하게 어우러져야 한다. 신맛과 단맛이 조화를 이루어야 술의 맛이 좋다.

누룩의 이해	구성 주체	작용	생성물
누룩	누룩곰팡이(호기성)	전분을 분해 → 당화	당
	효모(혐기성)	당을 먹이로 → 알코올 발효	알코올
	유산균 또는 젖산균 (혐기성)	당을 먹이로 → 젖산 발효	젖산

미생물의 관점에서 술이 만들어지는 과정을 간략히 살펴보자. 누룩에는 수많은 미생물이 공생하고 있지만 알코올 발효의 주인공은 누룩곰팡이와 효모, 젖산균이다. 술을 만들기 위해서 일차적으로 누룩곰팡이가 곡식의 전분을 당(당화)으로 바꾸어야 한다. 효모는 누룩곰팡이가 분해한 당을 이용하여 알코올을 만든다. 유산균(젖산균)은 당을 이용하여 젖산을 만들어 적정한 산도를 유지해 줌으로써 다른 잡균의 번식을 억제하고 술의 감칠맛을 돋운다. 이와 같이 술은 누룩곰팡이와 효모, 젖산균의 삼위일체에

의해 만들어진다. 따라서 발효를 알기 위해서는 각 미생물의 특성과 상호작용의 관계를 잘 알아야 한다. 쌀누룩요거트의 맛이 들쭉날쭉한 것도 미생물이 맛을 좌우하기 때문이다.

누룩의 종류

누룩은 크게 전통누룩과 일본식 개량누룩으로 구분한다. 쌀누룩요거트와 같은 발효음료를 만들 때 사용하는 쌀누룩은 일본식 개량누룩이다. 또한 쌀누룩도 두 가지로 구분된다. 시판되는 대부분의 쌀누룩은 일본식 개량누룩이지만 주로 막걸리 제조용으로 신맛이 강하다. 이 쌀누룩으로 발효음료를 만들면 신맛이 강해서 제품화할 수 없다. 예를 들어 쿠팡과 같은 대규모 인터넷 사이트에서 주로 판매되는 쌀누룩은 막걸리 제조용이라 신맛이 강하다. 동일한 쌀누룩이 아니라는 말이다.

쌀누룩요거트를 만들기 위해서는 단맛이 적절한 일본식 쌀누룩(코지)을 사용해야 한다. 전통누룩에 비하면 일본식 개량누룩은 만들기가 까다롭지 않은 데도 풀리지 않는 문제가 있어 쌀누룩 제조에 고충이 따른다. 이에 대해서는 다음 챕터에서 자세하게 다룰 것이다. 먼저 누룩의 제조와 용도 차이에 대해 살펴보자.

전통누룩은 어떻게 만들어지는 것일까?

우리의 전통누룩은 예로부터 '곡자'라고 불리어 왔다. 빻은 생 곡식을 물로 반죽해서 발로 밟아 단단하게 디뎌놓으면 공기 중의 수많은 미생물이 자연적으로 서식하여 만들어진다. 곰팡이 집이라고 해도 무방하겠다. 발효 과정에서 누룩 속으로 침투하는 대표적인 미생물은 알코올 발효에 주도적인 역할을 하는 누룩곰팡이와 효모이다. 이들 미생물은 인위적으로 접종한 것이 아니라 제조 과정에서 자생한 야생의 균들이기 때문에 발효 진행은 복잡하지만 깊은 맛을 내는 특징이 있다.

우리 조상들은 주로 밀이나 보리, 쌀 등으로 누룩을 만들어 술을 빚을 때 사용하였다. 특히 고운 쌀가루로 만든 누룩은 고급 탁주(막걸리는 탁주의 한 종류로 보는 것이 옳다.)인 이화주를 빚는 데 사용하였는데 이를 이화곡이라고 한다. 사용하는 누룩에 따라 술의 맛과 농도, 빛깔에 차이를 보인다. 밀누룩을 사용한 술은 다소 텁텁하며 약간 노란색을 띠고, 쌀누룩을 사용한 술은 투명하고 담백한 것이 특징이다. 현재 전통누룩을 생산하는 업체가 몇 곳 있으니 막걸리의 깊은 맛을 내고 싶으면 온라인으로 구매해서 술을 빚어보자.

전통 쌀누룩 만들기

쌀을 깨끗이 씻어 하룻밤 불린 다음 곱게 분쇄하여 가루로 만든다. 분쇄한 쌀가루에 끓여서 식힌 물을 붓고 손으로 꼭꼭 뭉쳐 오리알 크기로 단단히 뭉쳐준다. 항아리에 솔잎 또는 짚과 뭉쳐진 누룩을 켜켜이 해서 30~35℃에서 발효한다. 하루가 지나면 솔향과 누룩의 향이 난다. 7일 후 누룩의 위치를 바꿔 주며 뒤집기 해준다. 2주일 후에 발효를 끝내고 통풍이 잘되는 곳에서 1주일가량 건조한 후, 다시 햇볕에서 2주일 동안 건조시킨다. 이 쌀누룩은 술을 빚을 때 사용한다.

일본의 쌀누룩은 어떻게 만드는 걸까?

누룩의 영문명이 코지koji이다. 이는 일본에서 유래한 단어로 포자형 곰팡이를 의미한다. 정확히 말하면 따뜻하고 습도가 있는 환경에서 자라는 아스페르길루스 오라이지라는 누룩곰팡이를 익힌 곡물에 접균해서 발효한 누룩을 일컫는다. 일본에서는 이렇게 만든 쌀누룩을 발효제로 사용한다. 만드는 방법에서부터 우리 전통의 쌀누룩과는 다르다. 먼저 누룩의 원료가 되는 쌀을 불려서 찐다. 찐 후에는 배양된 누룩곰팡이(아스페르길루스 오라이지)를 접종해 발효시킨다. 이 때문에 입국粒麴이라고 한다.

쌀을 쪘기 때문에 무균의 상태에서 필요한 균만 배양시켜 띄우므로 발효가 균일하게 일어나는 장점이 있다. 맛과 향이 일관성은 있으나 깊은 감칠맛은 우리의 전통누룩에 비해 부족하다. 일본의 전통주인 사케는 입국을 이용해 당화를 시키고 다시 효모를 투입해 빚는다. 알코올 발효보다 당화제로 많이 이용된다는 뜻이다. 일본에서는 이 쌀누룩을 이용하여 미소된장을 비롯한 다양한 발효 음식을 만든다. 세계적으로 관심을 끌고 있는 쌀누룩요거트도 일본식 쌀누룩(코지)으로 만드는 발효음료이다.

이상과 같이 쌀누룩은 일본의 코지와 우리의 전통쌀누룩으로 구분된다. 쌀로 만든다는 공통점이 있지만 만드는 방법과 용도가 다르다. 일본의 쌀누룩(코지)은 곡물을 불려서 증기로 찐 쌀에 균을 접종, 배양시켜 만든다. 주로 당화제로 사용하므로 아마자케 같은 발효음료에서부터 다양한 식품을 만드는 데 사용된다. 반면 우리의 전통쌀누룩은 생쌀을 불려 분쇄한 뒤 자연 발효시켜 만들며 주로 알코올 발효에 사용된다. 전통발효의 우수성은 살려 나가야 하지만 활용성이 크고 잘 정제된 발효 아이템이라면 받아들여 발전시켜 나가는 자세도 필요하다. 발효를 생활 속에서 가까이 하기 위해서.

쌀누룩 구분	제조 방식	용도
전통쌀누룩	생쌀, 자생한 야생의 균	알코올 발효용
일본식 쌀누룩 (코지)	찐 살, 균을 접종	당화제로 다양하게 활용 쌀누룩요거트 발효제
막걸리 제조용 쌀누룩	1. 생쌀에 백국균을 투입 발효한 일본식 개량 누룩으로 입국이라 한다. 2. 막걸리를 구입하면 상표를 살펴보자. 어떤 첨가물을 사용하였고 어떤 누룩으로 발효하였는지 알 수 있다. 3. 기본적으로 막걸리 맛은 누룩이 좌우한다.	알코올 발효용

3.
쌀누룩이 있어야 쌀누룩요거트를 만든다

아토피 치유 클렌즈 과정은 우연히 만들어졌다. 네 살 아기의 아토피가 심해서 섬으로 이사를 한 분께서 찾아왔다. 아기의 상태가 너무 심하여 온갖 치유 방법을 동원해 보았지만 쌀누룩요거트만 한 것이 없어서 오랫동안 구입해서 먹였다고 했다. 요거트로 불리지만 우유가 들어가지 않아 아기가 마음 놓고 마실 수 있으며 배변 활동에 많은 도움을 받는다고 하는데 사실 이 음료를 제외하고 아토피 아기들이 마실 수 있는 음료는 지극히 제한적이다. 아기가 쌀누룩요거트를 너무 좋아한 나머지 하루에 500㎖ 한 통은 거뜬히 마신다고 한다. 비용을 감당할 수 없어 쌀누룩요거트 발효법을 배워 직접 만들어서 먹여 왔는데, 실은 해결되지 않은 가장 큰 문제가 남아 있어서 나를 찾아왔다. 이 만남을 시작으로 나는 아토피 치유 클렌즈 과정을 마련하게 되었는데 이후에도 여러분이 다녀갔다. 내가 의사가 아님에도 찾아오는 분들이 늘어나고 있는 이유는 바로 쌀누룩 제조법과 저온발효법 때문이다.

쌀누룩이 있어야 쌀누룩요거트를 만든다. 말하자면 식초처럼 발효에 발효를 거듭한다. 쌀누룩을 만들기 위해서 아기 어머니께서는 이곳저곳을 찾고 인터넷을 뒤져서 만들어 보았지만 신맛만 강하게 나고 답을 찾을 수 없었다고 하였다. 계속 쌀누룩을 구입해서 만들자니 가격이 만만치 않아 여간 골칫거리가 아니었던 것이다. 현재 일본식 쌀누룩을 판매하는 곳은 소수가 독점하는 상태이다. 또한 쌀누룩요거트를 발효하면서 기존의 방식대로 하였더니 온도가 거의 70℃ 이상 올라갔다고 했다. 내 생각과 마찬가지로 효소의 생존이 의심스러웠던 모양이다. 그러던 중, 아기 어머니께서 나의 블로그를 알게 되고 내가 만드는 쌀누룩과 발효법을 배워야겠다고 생각했던 모양이다. 스토어 팜에서 구입해 먹어봤더니 맛과 당도가 다르고 반응 또한 많이 달랐다며 거의 두 달 동안 나에게 쌀누룩제조법과 저온발효법을 가르쳐 줄 수 없는지 매달리다시피 하였다.

사실 나는 이 기술을 건강카페 창업시리즈 전 과정을 수강하는 분들에게 알려드리고 있었는데 아기 어머니의 부탁으로 어쩔 수 없이 아토피 치유를 위한 발효음료 클렌즈 과정이라는 이름을 붙이고 수강의 기회를 드렸다. 아기 어머니께서는 배를 타고 기차를 타고 단숨에 달려왔고 내가 쌀누룩 제조의 비밀을 털어놓자 눈물까지 글썽였다. 고운 눈에 흐르던 눈물에 나 역시 감동을 받았다. 알고 보면 별것 아닐지라도 누군가에게는 풀어야 할 결정적 해결책이었던 모양이다. 그동안 쌀누룩 제조에서부터 쌀누룩발효음료의 풀리지 않는 문제점을 해결하기 위해서 애써온 결과이다.

이후 당과 혈압 수치가 높아서 다녀간 분도 있다. 쌀누룩으로 만드는 발효음료가 치유에 가장 도움될 것으로 믿는 분들이다. 쌀누룩발효음료를 만들기 위해서는 쌀누룩이 있어야 한다. 한번 배우면 다양하게 활용할 수 있다. 누룩소금과 누룩젓갈을 배운다 한들 쌀누룩을 만들지 못하면 소용이 없다. 그 무엇을 만들든 쌀누룩부터 해결해야 한다. 쌀누룩을 제대로 만드는 일이 무엇보다 중요하다.

쌀누룩 만들기

제1단계

마치 술을 빚을 때처럼 쌀을 깨끗이 씻는다. 큰 볼에 쌀을 담고 쌀알이 깨어지지 않도록 물을 회전시킨다는 생각으로 재빨리 휘저어가며 쌀을 씻는다. 탁해진 물을 따라내고 맑은 물이 나올 때까지 같은 과정을 반복한다. 깨끗이 씻은 쌀에 새 찬물을 5cm 이상 넉넉히 부어서 불린다. 쌀을 불리는 동안 물을 갈아주어야 한다. 쌀이 물을 흡수하여 무게가 20~30% 불어나면 찔 준비를 한다. 쌀을 소쿠리 또는 큰 체에 담아서 물기를 확실하게 제거한다.

제2단계

찜통에 물을 넉넉히 붓고 센 불로 물을 바글바글 끓인다. 물기를 뺀 쌀은 면보나 또는 수건으로 감싸서 찜통에 얹고 뚜껑을 닫은 후 센 불에서 찐다. 잘 쪄진 고두밥은 쌀이 끈적끈적하면서도 잘 떨어지고 깨물어보면 충분히 익었다. 육안으로 보면 기분 좋게 느껴질 정도로 투명하다.

제3단계

잘 쪄진 고두밥을 찜통에서 꺼내 넓게 펴서 20℃ 이하로 식힌다. 고두밥이 식으면 누룩균을 고두밥 위에 고루 뿌리고 잘 버무려 섞는다. 누룩균이 잘 비벼진 밥에 온도계를 꽂아서 꽁꽁 싸매고 발효에 들어간다. 누룩균이 가장 잘 번식하는 온도는 35~36℃ 전후로 따뜻하게 한다. 습도는 70~75%를 일정하게 유지하며 띄운다. 잠자던 누룩균이 활성화되면 온도는 재빨리 올라간다. 온도가 지나치게 올라가면 누룩의 균이 죽어버리므로 온도 관리에 신경을 써야 한다. 대체로 48시간이 지나야 쌀누룩이 완성된다.

쌀에서 달콤한 냄새가 나고 하얀 곰팡이가 고루 피면 완성이다. 잘 발효된 쌀누룩은 밥알 하나하나마다 곰팡이가 피어서 마치 흰 가루 꽃이 피어난듯하다. 곰팡이 색이 밝지 못하고 푸른빛이나 누런빛이 나는 등 이상하면 온도와 습도가 일정하지 않거나 누룩에 좋지 않은 박테리아가 생겼다는 신호이다. 누룩은 온도와 습도 조절이 중요하다.

제4단계

하얀 곰팡이로 완전히 뒤덮인 쌀누룩은 누룩의 균이 살아 있으므로 금속성 재질의 용기가 아닌 밀폐용기에 담아서 냉장고에서 1주, 냉동고에서 6개월 이상 보관할 수 있다. 쌀누룩의 꽃이 비정상적이거나 쌀알을 골고루 둘러싸지 않으면 -40℃ 이하의 온도에서도 부패균이 자라는 것을 확인했다. 부패한 쌀누룩은 푸른빛 또는 분홍빛이 돈다. 냉동한 쌀누룩은 사용하기 전에 미리 꺼내어 놓으면 실온에서 바로 활성화되므로 사용하기에 불편함이 없다. 단 만들고자 하는 음식의 종류에 따라서 쌀누룩을 미리 불려두면 음식을 만든 후 쌀알이 서걱거리는 느낌이 없다.

참고로 쌀누룩으로 음식을 만들 경우 쌀누룩의 균이 사멸하지 않도록 바글바글 끓이는 등 열로 조리하지 않아야 한다. 공들여 만든 쌀누룩이 조리 과정에서 사멸하지 않기를 바란다. 누룩의 균이 사멸한 음식을 먹자고 고두밥을 찌고 온도와 습도 관리를 하며 쌀누룩을 띄우지는 않았을 터이다.

이제 황금 같은 쌀누룩을 만들 수 있게 되었으니 누룩소금이든 누룩쌈장이든 누룩젓갈이든, 쌀누룩요거트이든 마음껏 만들어서 실컷 먹어보자. 몸속에 쌓인 노폐물이 쌀누룩곰팡이의 가위질에 잘려서 밖으로 끌려 나오길 기대해 보자.

4. 쌀누룩, 세계의 발효 트렌드가 되다

가을이 홍시처럼 익어갈 즈음, 씨 없는 청도반시 한 바구니를 들고 40대 후반의 여성이 건강카페창업지도 시리즈를 수강하러 왔다. 아직 10월임에도 제법 두꺼운 모직 재킷을 입었기에 궁금해서 물었다.

"추우세요?"

"제가 몸이 좀 좋지 않아요."

"어머 그러세요, 언제쯤 창업하실 계획이세요?"

"창업이라기보다는 몸에 좋은 것들을 배워서 만들어 먹으려고요."

"창업하실 것도 아닌데 왜 풀 시리즈(건강카페 창업을 위한 전 과정)를 수강하세요?"

의문이 꼬리를 물어 계속 물어보니 당수치가 높아 정기적으로 병원에 다닌다며 의미 있는 말을 하였다.

"병원에 가면 뭐합니까? 수치 측정하고, 처방받아 늘 약을 먹어야 하잖아요. 그렇다고 낫는 것도 아니고 아직 40대인데 언제까지 약을 달고 살아야 할지, 한의원에 가도 그렇고요. 당뇨에 좋다는 것은 거의 먹어보았지만 소용이 없어요. 뾰족한 수가 있나 해서 살펴보다가 디톡스와 쌀누룩이 눈에 들어왔어요. 특히 쌀누룩이 좋다는 이야기를 여기저기서 많이 들었어요. 제대로 배우고 만들어서 꾸준히 먹어볼 생각입니다. 음식으로 못 고치는 병은 약으로도 못 고친다고 하잖아요."

의학의 아버지로 불리는 히포크라테스의 명언으로 말끝을 맺는 것으로 보아 나름의 의학적 식견이 있는 분이다. 자신의 증세가 장과 독소에서 비롯되었다는 사실을 인지하고, 약이 아닌 음식으로 다스리고자 하는 의지도 확고했다. 그분은 40대에 찾아온 만성질환, 당수치가 떨어지지 않아서 계속 약을 먹어야 하는 일을 불편하기보다는 쉽게 털어놓기 다소 민망스러워하는 듯 보였다. 한번은 모 대기업의 임원께서도 찾아왔다. 간수치가 높은데 약을 먹어도, 좋다는 것을 먹어도 해결되지 않는다며 같은 말을 했다. 이분들은 고질적 만성질환은 약이 아닌 음식으로 다스려야 한다는 생각, 특히 쌀누룩의 효능을 잘 알고 있다.

한편 곤란한 문의도 받는다.

"쌀누룩이 당뇨에 좋나요?"

이런 단도직입적 질문을 받을 때면 참 당황스럽다. 의사라도 선뜻 대답하지 못할 상황이 아닌가?

"창업하면 확실히 성공할 수 있나요?"

차라리 이렇게 묻는다면 열심히 준비하고 죽을 각오로 버티겠다는 다짐을 하면 성공할 수 있을 거라는 답을 할 수 있겠다. 그러나 이런 물음조차도 의미 없다고 생각한다. 창업이든, 치유이든 성공적인 결과는 자신의 확고한 믿음과 의지에 달린 것이 아니겠는가? 가끔 난처한 질문을 받지만 이 또한 쌀누룩의 효능이 많이 알려지고 있다는 증거라고 생각하면 반갑다. 쌀누룩에 대한 기대는 반드시 효능으로 채워질 것이라 믿어 의심치 않는다.

장은 우리 몸의 건강을 좌우하는 뿌리이다. 발효과정에서 생성되는 유익한 영양성분과 미생물의 효소를 함께 섭취하면 장은 튼튼해진다. 장에서 흡수된 발효음식의 유익한 영양성분은 곧 혈액으로 보내지고 피부의 섬세한 표피 조직까까지 전달되어 우리의 건강을 지켜줄 것이다. 그러므로 발효는 누구나 일상에서 쉽게 시작하고 편하게 활용할 수 있어야 한다. 쌀누룩은 다양한 발효음식을 만들어 낼 수 있으며 발효 자체도 여타 식품의 발효보다 쉽다. 특히 쌀누룩의 역할과 효능을 안다면 건강은 눈앞에 보일 것이다.

쌀누룩으로 만드는 발효음료에는 각종 소화 효소와 비타민, 미네랄, 포도당 등의 영양소가 풍부하여 '마시는 링거'라고 불릴 만큼 탁월한 효능이 있다고 한다. 기운이 없을 때 링거를 맞고 벌떡 일어난 기억이 있지 않은가? 일본에서 아마자케는 슈퍼나 마트에서 음료수처럼 판매되고 있으며, 2015년 이후 판매율이 80% 이상 상승했다고 한다. 뉴욕과 호주에서도 일반 음료처럼 판매된다는 것으로 보아 음료에 대한 소비자의 건강지향 트렌드를 알 수 있다. 특히 순식물성 발효유산균음료로 알려져 아토피나 알레르기가 있는 이들에게 환영을 받는다고 한다. 쌀누룩으로 만드는 발효음료는 곧 우리의 음료시장에도 바람을 일으킬 것으로 예상된다.

조금씩 흩어져 있는 자료를 모아 쌀누룩의 성분을 정리하고 보니 효소에서부터 비타민, 항산화물질에 이르기까지 우리 몸이 필요로 하는 필수 영양소들을 골고루 갖추고 있는 것을 알 수 있다. 게다가 유익미생물의 먹이인 섬유질과 올리고당까지 함유되어 있다. 쌀누룩으로 발효한 식품을 섭취하면 유익미생물이 장내에서 무럭무럭 자랄 것 같은 확신이 생긴다. 고혈압, 당뇨, 변비, 비만 등 만성질환이 몸에서 사라질 것 같은 자신감도 얻는다. 아침마다 마시는 쌀누룩발효음료 한잔으로 시원하게 빠지는 신기한 체험(변비해소)을 하면 건강이 샘솟는 듯하고 얼굴은 봄 햇살같이 환하게 빛날 것이다.

우리나라에서 쌀누룩으로 만드는 대표적인 음식으로는 쌀누룩요거트를 비롯하여 누룩소금, 누룩젓갈, 누룩쌈장 등이 있다. 이들 식품은 쌀누룩을 각각의 재료와 함께 다시 발효하여 만든다. 특히 누룩소금은 염도가 낮아 고혈압에 좋다고 알려지면서 부쩍 관심의 대상이 되고 있다. 누룩은 특별히 단백질 분해력이 뛰어나다고 한다. 단백질이 아미노산으로 분해되면 음식의 잡냄새를 잡고 풍미를 돋우며 식감도 살려준다. 고등어를 누룩소금에 절여 보자. 비린내는 잡히고 생선의 살은 탄력 있다. 밥을 한 공기 더 먹게 되어도 과식의 문제는 따지지 않아야 한다.

그러나 이런 경우를 생각해 보자. 누룩소금이 건강에 좋다고 하니 음식을 조리할 때 듬뿍 넣고는 바글바글 끓이거나 푹 삶아버리면 정작 우리 몸에 필요한 유익미생물은 모두 죽어버릴 것이다. 쌀누룩을 조미용 식자재로만 활용하면 이런 한계가 있다. 쌀누룩의 효능을 생각한다면 반드시 쌀누룩곰팡이의 생명을 살려야 한다. 누룩소금은 삶거나 끓이는 음식보다 샐러드용 소스나 나물을 무칠 때 사용하는 것이 더 바람직하다. 내가 이런 주장을 하는 이유는 쌀누룩의 활용 범위를 한계 짓지 말자는 것이다. 열을 가하지 않더라도 활용법은 얼마든지 고안해낼 수 있다.

나는 쌀누룩으로 다양한 발효음료를 만들 뿐만 아니라, 특히 쌀누룩발효식품의 당에 관심을 갖고 이를 디저트로 활용하는 방법을 찾는 데 주력하고 있다. 쌀누룩으로 발효한 곡물에는 누룩의 당화작용으로 생성된 천연의 당도가 생각보다 높다. 따라서 설탕이나 꿀 등의 다른 당을 첨가하지 않아도 과일과 채소에 약간의 물만 있으면 맛있는 스무디가 만들어진다. 카페의 음료로 활용하기에도 이상적이다. 이 스무디로 과일과 채소에 있는 영양성분과 함께 발효로 생성되는 영양성분을 동시에 흡수할 수 있다. 또한 곡류의 전분질 성분으로 샐러드 한 접시 먹는 것보다 포만감이 크다. 스무디 한잔으로 한 끼의 식사를 대신 할 수 있다. 건강에다 포만감까지 갖췄으니 다이어트식이다. 쌀누룩을 활용할 방안이 무궁무진하다는 걸 세계인들은 이미 눈치챈 것이다.

쌀누룩의 주성분과 기능

구분	주요 성분	기능
효소	아밀라아제 (전분의 분해효소)	3대 영양소의 소화를 돕고 축적된 노폐물을 분해 배출한다. 신진대사를 원활하게 하여 세포의 재생과 면역력 향상 등 신체의 근원적 문제를 해결한다.
	프로타아제 (단백질 분해효소)	
	리파아제 (지방 분해효소)	
	알파-글루코시다아제 (α-Glucosidase)	이당류를 단당류로 분해하는 효소기능을 가지고 있다. 혈당 상승 작용과 당분의 흡수를 억제하여 당뇨 예방에 도움이 되며 체중 증가를 억제하는 효과도 있다.
항산화 물질	코지산(Kojic acid)	활성산소를 억제하여 세포의 활성화를 돕고 면역력을 강화한다. 비만과 고혈압을 개선하며 최종 당화를 막아 당뇨에 효과가 있다. 멜라민 생성을 억제하는 작용으로 미백효과도 있다.
비타민	비타민 B군 (비타민 B1, B2, B6)	발효과정에서 생성되는 영양소로 비타민 B군은 각각의 역할이 있지만 전체적으로 면역체계와 신경계 기능을 강화하고 지방을 연소하며, 신진대사 작용을 촉진하는 효과가 있다.
	바이오틴(Biotin)	탄수화물과 지방의 대사에 관여하며 콜라겐 성분을 구성하여 피부와 두발 건강에 좋다.
섬유질	식이섬유	유산균의 먹이 영양소이다. 장벽을 청소하여 장내 환경을 좋게 만든다. 장운동을 촉진하여 변비를 해소한다. 체지방을 분해하여 비만 방지에 도움이 되며 혈당 상승 억제 작용도 한다.
복합당	올리고당	대장에 생육하는 유익균인 비피더스균의 먹이 영양소이다. 비피더스균이 늘어나면 유해균의 생육이 억제되어 대장의 환경이 좋아진다.
필수 아미노산	가바(Gaba)	항 스트레스 성분으로 뇌신경전달물질의 역할을 하여 스트레스와 우울증을 완화한다. 혈당을 낮추고 체내에 축적된 지방을 연소시킨다. 혈압 상승을 막고 혈중 콜레스테롤과 중성지방의 증가를 억제하는 효과가 있다.
	펩타이드	항균, 항바이러스 작용으로 면역력을 증가시킨다. 대사를 조절하고 혈압 상승을 억제하여 고혈압에 도움이 된다. 비만, 당뇨병 예방에도 효과가 있다.
	시스테인	항산화 작용을 하며 세포 재생에 도움을 준다. 케라틴의 주요 성분으로 상피 피부의 신진대사를 활성화시킨다.
	기타	콜라겐 생성을 촉진하는 판토텐산(Pantothenic acid), 이노시톨(Inositol), 니아신(Niacin) 등이 풍부하다.

쌀누룩으로 발효음료를 만들 때 가장 큰 문제가 신맛과 누룩 특유의 냄새이다. 발효의 속성을 잘 모르면 신맛과 누룩취는 이해할 수 없는 맛이다. 특히 신맛은 만드는 사람 입장에서 가장 큰 골칫거리이다. 쌀누룩의 이 까다로운 골칫거리를 어떻게 극복해야 할까?

'쌀누룩요거트는 어떤 맛일까?'

궁금하지만 벌써 머리 한 편에서는 달콤한 요거트나 식혜가 떠오른다. 먹어보니 신맛과 함께 썩 유쾌하지 않은 이상한 맛(쌀누룩 특유의 맛)이 느껴진다. 마치 제품에 문제가 있거나 발효를 잘못해서 그런 것은 아닌지, 기술을 의심한다. 기계로 찍어내듯 원하는 맛이 딱 떨어지게 나오면 좋을 텐데….

식초는 산도가 높지만 물이나 다른 과일 주스에 희석해서 마시면 된다. 맛에 대해 별 이의를 제기하지 않는다. 막걸리의 시큼 텁텁한 맛도 너그럽게 수용한다. 누룩으로 만드는 술이니 몸에 좋을 것 같은 생각에 오히려 이런 맛을 선호하기도 한다. 그런데도 유독 쌀누룩요거트에 대해서만은 신맛과 누룩취를 용서할 수 없다는 듯 깐깐함을 보이는 분들이 적지 않다. 맛에 대한 문제는 판매자의 입장에서 정말 골치 아픈 문제이다. 소비자의 기호에 맞추어 다른 첨가물을 사용하면 문제는 없을 터이지만.

쌀누룩발효음료가 대중성 있는 음료가 되기 위해서 신맛과 누룩취가 심하게 느껴지는 것이 문제이기는 하다. 나는 이 문제를 풀기 위해서 생고생하였다 해도 과언이 아니다. 지금도 신맛과 누룩취가 들쑥날쑥할 때면, '다른 첨가물을 넣어서 그런 맛과 냄새를 확 뒤덮어 버릴까?' 하는 유혹이 들기도 한다. 신맛과 누룩취는 발효과정에서 발생하는 문제이지만 보다 근본적인 요인은 누룩 자체에 있다. 그러니 맛의 문제를 해결하기 위해서 먼저 누룩을 잘 다스려야 한다. 우리 조상들도 누룩취를 잡기 위해서 누룩을 법제(바람을 쐬고 햇볕에 말리고 다시 이슬을 맞히는 방법으로 누룩의 냄새를 잡으려 함.)하였다. 누룩 자체의 맛을 잡기 위해서 일본의 코지균을 사용하여 만들어 보았지만 오히려 신맛과 누룩취가 심하게 남았다. 이 부분에 대해서 『노마 발효 가이드』에서는 이렇게 서술하고 있다.

"백국균처럼 아스페르길루스 아와모리도 대사산물로 구연산을 생산하여 기분 좋게 새콤한 누룩을 만들어 낸다."

쌀누룩(코지)을 만드는 균은 결과적으로 새콤한 맛(기분 좋은 새콤한 맛은 아니었다.)을 만들어 낸다는 것을 알 수 있다. 당연하게 받아들여야 하지만 나는 신맛과 누룩취를 잡기 위해서 무모할 정도로 연구하고 실험을 했다. 풀어야 할 수수께끼를 앞에 두고 물러설 수 없었다. 융통성을 발휘한 결과 신맛과 누룩취를 어느 정도 잡을 수 있게 되었다. 자연스레 쌀누룩요거트의 맛도 한층 깔끔해졌다. 이런 과정이 쉽지 않았지만 내가 강조하는 건 발효의 참맛을 이해하면 자신이 만드는 맛에 실망할 이유가 없다는 점이다. 발효의 참맛은 신맛이다.

유럽에서는 통밀 또는 호밀에 천연발효종으로 발효한 빵을 주로 먹는다. 날씬한 파리지앵들이 아침마다 빵집 앞에 줄을 서서 기다리는 갓 구운 바게트, 이탈리아인들이 먹는 포카치아와 치아바타는 모두 천연발효빵이다. 천연발효빵을 유럽에서는 '사워도우 브레드 sourdough bread'라고 하는데 사워 sour는 원래 '시큼하다'는 뜻이므로 해석대로라면 '신맛이 나는 빵'이다. 유럽의 천연발효 빵에서는 신맛을 느낄 수 있다. 천연발효빵만의 독특한 풍미를 느낄 수 있는 살짝 시큼하면서도 깊은 신맛은 발효에서 얻을 수 있다. 천연발효빵을 먹으면 속이 편안하고 소화가 잘되는 것도 좀처럼 분해되지 않는 밀가루의 글루텐이 발효 과정에서 유기산 성분의 연화작용에 의해 부드러워지기 때문이다. 요컨대 건강을 유지하기 위해서는 늘 발효음식을 가까이하고 발효의 대표적 맛인 신맛에 익숙해져야 한다. 김치의 신맛은 당연해도 쌀누룩발효음료의 신맛은 용납할 수 없다면 '나는 발효를 잘 몰라요.' 하는 말과 같다는 점을 기억하자. 거듭 강조하지만 발효의 참맛은 신맛이다. 우리가 김치의 신맛을 얼마나 사랑하는지, 해외여행 단 며칠 만에도 그리워지는 맛이 아닌가? 발효에 관여하는 젖산균이 신맛을 내는 주범(신맛을 기분 나쁘게 받아들일 경우)이 아니라 주인공이다. 젖산균은 유익미생물이다. 곧 유산균이라는 점을 잊지 말자.

발효의 맛을 이해하기 위해서 미생물의 특성을 알아야 한다. 발효에 관여하는 대표적인 미생물은 크게 젖산균(김치), 초산균(식초), 효모(술)와 코리네균이다. 젖산균과 초산균은 신맛을 내는 주인공이다. 한편 코리네균은 아미노산 발효를 주도하는 균주로 콩이나 우유 같은 단백질 원료의 발효과정에서 지독한 냄새를 발생시킨다. 된장, 청국장, 치즈에서 나는 꼬리한 맛도 발효의 산물이니 아름다운 향이다. 이렇게 보면 청국장 고유의 지독한 냄새를 어떻게 받아들이는 것이 좋을까? 냄새 때문에 코를 막는 분들도 많지만 오히려 이 냄새를 구수하게 느끼는 분들도 많다. 이런 분들에겐 오히려 냄새나지 않는 청국장 맛이 밋밋하다. 술도 맛에 대한 취향이 다르다. 깔끔하거나 달콤한 맛을 좋아하는 사람들이 있는 반면 누룩 고유의 시큼털털한 마초적인 맛의 막걸리를 더 좋아하는 사람들도 많다.

발효 고유의 맛을 이해한다면 신맛이나 누룩 고유의 맛에 대한 편견이 없다. 다만 만들어 먹는 분들 입장에서는 각자의 취향과 발효의 숙련도에 따라 맛을 조절하면 된다. 원하는 맛이 나오지 않아도 가볍게 여기며 자가소비하면 된다. 그러나 상품으로 만들 때는 대중이 원하는 맛의 기준에 부합해야 하므로 신맛이나 누룩취가 문제 되는 것은 사실이다. 그렇다고 이런 맛을 첨가물로 희석하고 싶지는 않으니 고민스럽다.

※ 잘 만들어진 쌀누룩은 어떤 것일까?

1. 쌀알 입자마다 꽃이 하얗게 피어있다.
2. 오래 보관해도 쌀 꽃이 하얗게 고루 피어있다. 가장 중요한 포인트이다.
3. 보관 시 부패 곰팡이가 피지 않아야 한다.
4. 당도가 지나치게 높지 않으며 맛이 깔끔하다.
5. 설탕이나 엿기름의 맛이 나지 않아야 한다.
6. 누룩소금, 누룩젓갈, 쌀누룩요거트를 발효할 때 쌀알 입자가 잘 퍼질 수 있도록 쌀누룩의 수분 함량이 알맞아야 한다.

※ 쌀누룩을 만들 때 핵심 포인트는?

① 균주 ② 신맛과 누룩취 ③ 당도와 당의 맛

④ 고두밥의 수분율 ⑤ 쌀누룩의 색상

5장

몸이 되살아나는 장 건강과 쌀누룩발효 음료 클렌즈

"장은 우리 몸에서 더할 나위 없이 중요한 기능을 수행한다. 장의 여러 가지 기관은 상호의존적으로 기능하면서 신경세포와 호르몬을 통해 끊임없이 의사소통한다. 장은 인체의 뿌리이다. 그러므로 뼛속 깊숙이 자리한 골수세포로부터 겉으로 드러나 있는 머리카락과 피부에 이르기까지 인체의 모든 세포에 직간접적인 영향을 미친다."

"푸르게 우거진 정원의 비밀이 뿌리에 숨어있듯이, 우리 몸의 건강은 내부의 뿌리라고 할 수 있는 장에서 시작된다. 장은 말 그대로 우리 몸의 상태를 좌우하고, 각 부분이 제대로 기능하도록 도와주는 핵심이다."
『CLEAN GUT』 알레한드로 융거

디톡스와 효소의 개념을 잘 모르던 시절, 그러니까 40대 초반까지만 해도 나는 고도 비만의 몸으로 무거운 다리를 질질 끌고 다녔다. 특별히 어디가 심하게 탈이 나서 드러눕거나 병원 신세를 진 일은 없었다. 채식과 운동으로 몸을 추슬러야 한다는 생각은 조금도 하지 않았다. 달콤하고 기름진 맛을 지나치게 좋아했으며 배불리 먹고 눕는 것을 좋아했다. 그러던 몸이 40대 중반에 접어들면서 문제가 생겨났다. 위통이 심했다. 한번씩 탈이 나면 수개월 동안 숨을 제대로 쉴 수 없을 정도로 통증에 시달렸다. 통증보다는 따가웠다. 음식을 먹어도 그렇고 먹지 않아도 마찬가지였다. 가슴 바로 밑에서부터 복부 전체가 마치 돌덩이처럼 딱딱한 상태로 부풀어 올랐다. 시원하게 트림을 하고 나면 부푼 복부가 푹 꺼질 것 같아서 일부러 아랫배에 힘을 주어도 트림은 나오지 않는다.

위통에 시달리지만 배가 고프면 계속 먹어야 했다. 소화가 되는지 마는지 신경 쓰기보다 허기는 반드시 채우고 계속되는 위통은 참으며 미련스러울 만큼 오래 버텼다. 그러나 더 이상 참을 수 없는 지경이 되고 혹시 '그것(?)이 아닐까?' 하는 두려움이 생기자 병원을 찾았다. 내시경을 했더니 결과는 믿을 수 없을 정도로 가벼웠다.

"가벼운 염증입니다. 우리나라 사람이면 누구나 이 정도 염증은 있어요. 약은 먹지 않아도 되겠어요. 단 공복에 밀가루 음식은 먹지 마세요."

이것이 내가 받은 처방의 전부였다. 의사는 스트레스성이니 오히려 정신건강을 염려하였다. 당장 겔포스라도 먹고 위통을 달래고 싶은데 신통한 처방이 없다. 이 고질병을 어떻게 다스려야 할지….

어디 그뿐인가? 두통도 늘 달고 살아온 처지로 타이레놀과 게보린은 핸드백 안의 상비약이었다. 허리까지 문제를 일으켰다. 통증은 심하면 왜 꼭 따가운 증세를 보이는지, 참을 수 없어서 병원에 갔다가 '퇴행성척추디스크' 초기증상이라는 아리송한 병명을 진단받았다. 퇴행성이라니, 벌써 허리가 노년으로 접어든단 말이지? 이번엔 필라테스가 도움될 거라는 처방을 받았다. 결론은 신통한 약이 없으며 통증을 데리고 살아야 한다는 것이다. 이런 데다 새벽엔 팔과 다리마저 심하게 저렸다. 혈관이 빵빵해지고 터질 것 같은 느낌을 자주 받기 시작했다. 40대 중반, 바야흐로 온몸이 여기저기서 삐걱거리고 아우성을 치기 시작했던 것이다. 몸무게가 무려 60kg을 넘어서고 있으니 그때야 몸에 대해 걱정하기 시작했다.

'왜 이토록 몸을 방치하고 살았을까?'

채식을 비웃고, 운동을 멀리하며 건강을 자만했던 무모한 용기를 나무라기 시작했다. 탈이 나야 대책을 세우는 미련함은 '소 잃고 외양간 고치기' 격이다. 그나마 이 정도에서 몸에 대한 반성의 기회를 가질 수 있었던 것은 천만다행이 아닐 수 없다. 비로소 나는 다이어트를 넘어서 해독에 눈을 뜨고 정신까지 정화하는 해독의 원년을 맞을 수 있었다.

이처럼 나는 허리와 위의 심한 통증으로 병원을 찾은 후부터 제대로 된 다이어트와 해독을 하기 시작했다. 당시에 유행하던 허브 다이어트 프로그램이었다. 고도 비만이던 나는 아침과 저녁 두 끼를 단백질 셰이크로 채웠다. 다이어트도 돈을 들이니 제대로 할 수 있었다. 배가 고프면 허브차를 마셔댔다. 점심은 긴긴밤을 단백질 셰이크 한잔만으로 버텨야 한다는 일념에서 배가 터지도록 먹어두었다. 말하자면 간헐적 단식, 공복 다이어트, 1일 2즙에 해당된다. 그 어떤 디톡스 프로그램이든 결론은 소식과 단식을 목표로 한다. 공통으로 지향하는 바는 다름 아닌 '장 비우기'이다.

사람의 장은 온갖 음식물을 저장하고 처리하느라 잠시도 쉬지 못하고 혹사당한다. 장은 비우기도 해야 하지만 휴식도 필요하다. 평생 채우며 혹사시켜온 장이 아니던가? 알레한드로 융거 박사의 말처럼 건강의 뿌리인 장을 청소(클린거트)하고 장에 휴식을 주는 일은 독소로 만연한 환경에서 살고 있는 현대인에게는 필수이다. 만성질환을 예방하거나 치유하는 일은 장을 깨끗이 비우는 데서 시작된다. 그리고 장의 기능을 회복하기 위해서 장에도 잠시 휴식을 주어야 한다. 제대로 비워내어야만 몸에 좋다고 챙겨 먹는 각종 비타민과 미네랄 등 필수영양소들도 제 몫을 할 것이다. 건강에 좋은 음식을 먹고 각종 영양 보충제를 섭취한다고 해도 장이 깨끗해야 효과를 볼 수 있다. 지저분한 곳에 둔 명품 가구가 빛이 나지 않듯이 말이다. 자고 일어나면 창문을 열어 이부자리를 활활 털어내는 일이 일상의 시작이듯, 장 청소야말로 건강의 시작이다.

아토피, 고혈압, 관절염, 당뇨, 심장질환, 자가 면역질환 등 대부분의 만성적인 질환과 심지어 불면증, 우울증까지도 장과 관련이 있다는 사실을 많은 의학자들이 지적하고 있다. 구체적인 병이 아니라도 만성적인 피로감이나 각종 통증, 알레르기, 습진, 염증, 변비에서 감기와 같은 사소한 질병도 대부분 장의 문제와 직접 연관이 있다고 한다. 이런 주장을 보아도 장이 깨끗하고 건강하다면 오늘날 우리들이 겪고 있는 대부분의 건강 문제는 해결된다는 사실을 주목해야 한다.

나의 경험으로 보아도 해독 후 그렇게 고질적이던 위통과 퇴행성척추디스크 초기증상이라는 이상한 병증에서 벗어 날 수 있었다. 살을 빼려고 시작한 일이 해독이 되어 일어난 뜻밖의 사건이다. 고도 비만에 시달리는 동안 독소들은 나의 신체 부위 중 가장 취약 지구인 위장과 허리에 달라붙어서 심한 통증으로 괴롭혔던 것이다. 체중감량이 곧 해독이었으니 결국 내 몸에서 빠져나간 살덩어리는 독소였던 것이다. 허리 통증은 정상 체중을 유지하면 사라졌다가 다시 살이 찌면 슬그머니 나타난다. 이런 사실만 보아도 비만과 독소는 유유상종의 무리이다. 그러므로 다이어트도 단순히 체중감량보다는 해독, 곧 장 청소의 시각으로 보아야 한다. 다시 말하지만 건강과 관련한 모든 문제의 뿌리는 장에서 비롯된다는 사실을 인지하면 장 청소[clean gut]가 얼마나 시급한지, 당장 해독 방법부터 고민해볼 일이다.

산 속에 살며 자연에서 채취한 야생의 식물로 식생활을 유지하고 미네랄이 풍부한 지하 암반수를 마시고 청정한 공기로 숨을 쉬지 않은 한, 우리는 매일 매일 독소 속에서 살아가야 한다. 음식과 생활환경 자체가 독성물질로 가득하니 건강 문제도 대부분 생활환경에서 노출되는 독소 때문에 발생한다. 수명이 길어져 백세 시대라고는 하지만 주변을 둘러보면 거의 만성질환에 시달리며 사는 것이 현대인의 삶이다. 어제같이 날씬한 몸매를 뽐내고 건강을 자랑하던 사람이 뇌출혈로 중환자실에 실려 갔다는 소식을 듣는 일이 새삼스럽지 않다. 회복된다 해도 어쩌면 남은 평생 누워 지내거나 거동이 불편할 것으로 예상된다. 목숨만 부지하는 불편한 삶이 자신과는 무관하다는 듯 담담히 바라볼 수도 없다.

생활 도처에 만연해 있는 독소는 어떤 식으로든 우리 몸속으로 들어올 것이다. 들어와서는 서서히 뭉쳐서 느닷없이 괴롭힐 것이다. 깊은 산 속에서 나 홀로 은둔자로 살지 않는 한 독소는 피해갈 수 없는 현실이다. 그러므로 현대를 살아가는 우리들은 필시 독소에 대한 경각심을 갖고 해독에 눈을 떠야 한다. 더불어 자신에게 알맞은 해독프로그램을 배워 생활 속에서 꾸준히 해독하는 습관을 유지해야 한다. 그러기 위해서 해독프로그램은 누구나 쉽고 편리하게 활용할 수 있는 생활형이어야 한다는 것이 내 생각이다.

해독은 곧 장을 비우는 일이다. 장을 비운다고 해서 약물로 한꺼번에 쓸어 낼 수 없다. 장 역시 자연적인 방법을 원한다. 약물이 아니면 장 청소를 할 수 있는 방법은 역시 단식뿐이다. 물론 완벽한 단식이 장 청소를 위한 최상의 방법이다. 그렇다고 심한 허기를 참아가며 일상생활을 할 수 없을 정도로 쫄쫄 굶으며 단식하기란 쉽지 않다. 허기를 심하게 느끼지 않으면서 일상생활이 가능한 프로그램이라면 쉽게 장을 비울 수 있을 텐데….

해독은 생활 속에서 습관적으로 하는 것이 좋다. 아프면 하겠다는 생각으로 미루거나 아플 때까지 기다릴 필요가 없다. 당연한 말이지만 건강은 건강할 때 지켜야 한다. 현대인은 생활 자체가 독소에 노출되어 있으며 장에 이롭지 않은 것이 현실이다. 독소로부터 건강을 지키기 위해서는 장 건강에 초점을 맞추어 한 번씩 특별한 방법으로 집중적인 장 청소(클린거트)를 해야 한다. 단 하루라도 좋다. 내 몸의 보약으로 견주어도 될 장 청소의 필요성을 절실히 느끼고 자신에게 알맞은 방법을 찾아서 반드시 장 청소를 해보자.

지금도 그렇지만 나는 육식을 좋아하고 과다하게 짜게 먹으며 운동도 하지 않고 늘 바쁘게 살았다. 직장 생활을 하는 동안에는 승진까지 염두에 두고 살았으니 스트레스까지 한몫해서 내 몸은 독소로 찌들어 있었다. 비만에다 두통과 요통, 위통을 만성적으로 달고 살았다. 병원에 가도 특별한 처방이 없으니 다이어트를 하고 해독에 눈 뜨게 되었다. 몸이 무거우면 깨끗하게 비우고 싶은 욕구가 간절해진다. 해독 후에 찾아오는 몸의 반응을 나는 너무도 잘 알기 때문이다. 한마디로 개운함이고 날아갈 듯한 가벼움이다. 얼굴은 또 얼마나 맑아지는지, 화장을 하지 않아도 빛이 난다.

나는 해독에 대해 어지간히 탐구하고 건강 관련 서적을 읽어댔다. 읽는 책마다 강조하는 바는 다를지라도 원칙은 다르지 않다. 여기저기 흩어진 다이어트와 해독, 건강에 관한 지식과 정보를 모아 정리하여 해독에 대한 체계를 잡을 수 있었다. 그러므로 내가 제안하는 해독프로그램은 책의 내용을 바탕으로 하되, 가장 보편적인 원칙에 준거한다. 나는 의사가 아니기 때문에 사소한 어느 한 부분을 가지고 크게 강조할 처지가 아니다. 우리는 의사가 하는 말은 언제나 공신력 있다고 믿는 경향이 있다. 그러나 내가 공부한 바에 의하면 동서고금을 막론하고 건강에 대한 기본 핵심은 언제나 동일하더라는 것이다.

디톡스Detox는 '해독하다'는 뜻으로 몸 안의 독소를 없애는 일이다. 독소가 배출되지 않으면 인체의 면역체계가 무너지고 혈액순환 장애를 비롯한 각종 만성질환이 생긴다. 건강을 염려한다면 가장 먼저 해야 할 일이 디톡스, 즉 해독이다. 먼저 나의 디톡스 경험을 살펴보자.

나는 약 1년간은 거액의 돈을 들여서 디톡스를 하였다. 감량과 해독의 효과를 톡톡히 보았지만 평생 할 수는 없었다. 무엇보다 돈이 많이 들었다. 어느 정도 지식과 경험이 쌓이자 돈을 들일 필요가 없겠다는 생각이 들었다. 건강에 대한 자신만의 확고한 기준과 믿음이 생긴 탓으로 볼 수도 있겠다. 따라서 그동안 배우고 체험한 프로그램을 바탕으로 일상에서 정상 체중을 유지하는 생활형 프로그램을 만들어 실천하기로 했다. 이때부터는 더 많은 공부를 하고 온갖 해독 음식을 만들어 먹으며 나름대로 해독 전문가가 되어갔다. 덕분에 비교적 쉽게 정상 체중을 유지하며 건강도 별문제 없이 잘 지냈다.

그러나 창업을 한 후에는 일이 바빠서 다시 얼마간 몸을 돌보지 않았다.

역시 몸무게는 늘어나서 무려 60kg을 넘어섰다. 예전처럼 고도 비만인 데다 살이 찌자 통증이 온몸에서 다시 살아났다. 두통이 잦고 이번엔 왼쪽 팔의 통증이 심하여 손목을 쓰지 못한 채 약 1년을 버텼다. 그간 겪어온 해독 경험 덕분인지 아니면 탓인지, 나는 어지간해서는 병원 갈 생각은 하지 않는다.

다시 감량에 들어갔다. 이번엔 돈을 들이지 않고 쌓아 온 경험과 지식을 바탕으로 나만의 융통성 있는 프로그램을 만들어서 실천하였다. 갱년기에 해당하는 연령대이지만 두 달 만에 6kg 감량했다. 갱년기에는 효소 보유량이 급격하게 줄어드는 시기이므로 어지간해서 살이 잘 빠지지 않는다. 효소 보유량이 많은 젊은이들은 마음만 먹으면 체중감량은 어렵지 않다. 문제는 50대 이후부터이다. 나도 40대에 다이어트를 했을 때는 살 빠지는 소리로 신이 났다. 다이어트도 효소와 밀접한 관련이 있다.

두 달간의 노력으로 감량을 하고 나니 역시 고질적이던 왼쪽 팔의 통증과 두통이 사라졌고 몸도 다시 회복되었다. 쌓이는 노폐물이 독소 덩어리이고 통증의 원인이라는 사실을 다시금 확인했다. 더불어 '독소는 곱게 물러나지 않는다.'는 사실도 다양하게 경험하였다. 이런 경험으로 나는 해독은 어떤 과정을 거치며 어떤 결과를 가져오는지, 특히 장의 반응 상태와 명현현상에 대해서 누구보다 명확하게 설명할 수 있다고 확신한다. 보편적 이론에 준거하고 경험으로 확인한 바이다.

'디톡스(장 청소)를 하는데 왜 변비가 생기거나 더 심해지는 걸까?'

명현현상은 가벼운 신체적 불편에서부터 이해할 수 없는 증세까지 다양하게 나타난다. 이 때문에 명현현상이라고 결코 받아들이지 않기도 한다. 해독과 명현반응에 대한 여간한 믿음과 확신이 아니면 부작용이라는 의심이 들어서 당장 하던 프로그램을 그만두고 겁에 질려 병원으로 달려갈 수도 있다. 자연치유의 방법으로 해독을 하면 몸은 받아들이기 어려운 다양한 반응을 나타낸다. 몸이 하는 소리를 잘 들으며 기꺼이 받아들이다 보면 어느덧 호전되는 놀라운 경험을 하게 된다. 이런 반가운 경험을 해 보아야 진정한 해독의 맛을 느껴볼 수 있다.

나는 해독을 하려는 분들께 명현현상을 두려워하지 말라고 꼭 당부하고 싶다. 해독하는 과정에서 나타나는 명현현상은 반드시 넘어야 할 고개이다. 경험상으로 피부발진은 가장 고질적인 명현현상이었다. 다른 증세들은 보통 며칠 이내로 가라앉았지만 피부발진은 꽤 오래 지속되었다. 신체는 오묘한 화학 공장이다. 신체의 어느 부위에 독소가 많고 좋지 않으면 어떤 결과로 나타날지 모르는 것이 명현현상이다. 의학적으로도 설명할 수 없는 부분이 있으니 해독과 자연치유에 대한 자신만의 확고한 믿음이 중요하다. 다음은 내가 제안하는 생활형 해독프로그램에 관한 내용이다. 물론 이런 주장은 보편적인 이론에 기반을 두었다는 사실을 밝혀둔다.

비우고 채우고

현대를 살아가는 우리들에겐 과잉섭취로 인한 몸의 폐해도 있지만 부족해서 생기는 질병도 많다. '독소는 비우고 부족한 영양을 채우는 일석이조의 프로그램은 없을까?'를 고민하였다. 비우는 일이 해독이라면 채우는 일은 보원이다. 해독에는 단식보다 더 좋은 방법이 있을 수 없다. 약 처방이나 다른 인위적인 행위가 불필요함은 단식이 예로부터 세계 각지에서 해오던 전통적인 해독치유법이라는 것을 보아도 알 수 있다. 해독을 위한 단식요법에 대해서 새삼 그 장단점을 논할 이유가 없다고 본다.

'보원의 차원에서 우리 몸이 필요로 하는 것들에는 무엇이 있을까?'

비티민과 미네랄, 섬유질, 피토케미컬, 효소이다. 특히 최근 들어 와서 가장 주목을 받는 것이 효소이다. 체내에 축적된 노폐물을 분해하고 배출을 돕는 생명물질이 효소이다. 해독의 차원에서 효소만큼 중요한 영양소도 없다. 비타민과 미네랄도 효소를 활성화하는 영양소이다. 그리고 물은 효소가 이동하는 경로이니 효소의 활동을 돕는 물을 먹어야 한다. 아무 물이나 하루에 2리터 이상 마시는 것도 독(수독)이 될 수 있다. 이에 대한 내용은 학자의 이론을 제시하며 앞에서 지적한 바 있다.

☆ 비워야 할 것과 채워야 할 것을 찾아보자

탄수화물, 지방, 단백질, 비타민, 미네랄, 섬유질, 피토케미컬, 물, 효소

Q1. 위의 보기에서 비워야 할 대상은 무엇인가?

Q2. 채워야 할 대상은 무엇인가?

Q3. 채워야 할 가장 중요한 영양소는 무엇인가?

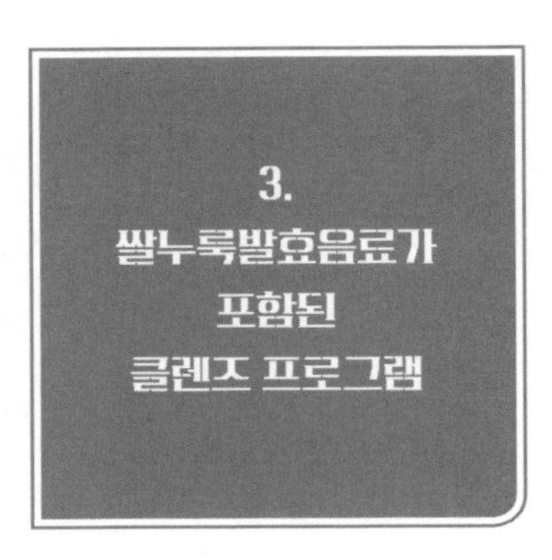

'비우고 채우자! 해독과 보원을 동시에 할 수 있는 효과적인 프로그램이 없을까?'

※ 다양한 해독 프로그램

- 야채스프, 레몬 디톡스, 한약 디톡스, 해독주스, 청혈주스, 클렌즈 주스, 로 푸드, 그린스무디, 꽃차, 약차, 간헐적 단식, 효소 단식, 공복 다이어트, 1일 1즙, 기타 상업적으로 통용되고 있는 프로그램 등.

세상에는 정말 많고 다양한 해독 프로그램이 넘쳐나고 있다. 비우고자 하는 프로그램인데 넘치고도 모자라 계속 생겨나니 정신을 차릴 수 없다. 우리는 영양 과잉의 시대를 사는 동시에 해독 요법 과잉의 시대를 경험하고 있다. 클렌즈 프로그램도 너무 많아서 어쩌면 두통의 원인이 되는 독소가 아닌지 모르겠다. 만약 해독 요법에 대한 토론을 한다면, 자신의 방식이 옳다는 결의에 찬 토론자가 너무 많아서 토론장은 꽤 시끄러울 것이다.

클렌즈 프로그램은 이외에도 많이 있겠지만 해독을 위해서는 소식하거나 하루 한 끼라도 절식을 근간으로 한다는 점에서 대부분의 프로그램이 일치한다. 비워야 하는 데는 이의가 없다는 뜻이다. 넓게 보면 모두 간헐적 단식에 해당한다. 따라서 자신에게 가장 유익하다고 판단되는 프로그램을 선택하면 될 것이다. 선택에 도움이 되었으면 하는 생각으로 누구나 쉽게 활용할 수 있는 해독 프로그램이 되려면 어떤 요건이 필요할지를 정리해 보았다.

1. 비우기 위해서는 단식 또는 소식이 필수이다.
2. 쉽게 구할 수 있는 재료이어야 한다.
3. 쉽게 만들어 수 있어야 한다.
4. 특별한 코칭이나 까다로운 주의 사항이 별로 없다.
5. 큰돈을 들이지 않아야 한다.
6. 클렌즈를 하는 동안에 일상생활이 가능해야 한다.
7. 명현현상과는 다른 차원의 부작용이 없어야 한다.
8. 필수 영양소를 고루 채울 수 있어야 한다.

해독을 위해서는 비우기도 해야 하지만 채우기도 해야 한다. 엽록소가 풍부하여 혈액을 정화하고 헤모글로빈 생성에 도움이 되는 녹색채소, 콜레스테롤의 분해, 항산화 작용, 항암, 면역력을 증가시키는데 도움이 되는 컬러푸드(피토케미컬)와 유산균인 미생물을 보충해 줄 발효음식은 먹어야 한다. 이렇게 보면 생채소와 과일, 발효식품을 기반으로 하는 프로그램이 유용할 것이다. 따라서 클렌즈 프로그램은 해독과 함께 이들 식품을 채울 수 있게 구성하는 것이 바람직하겠다. 즉 신선한 과일과 채소, 발효음료로 구성한 마시는 단식이 유용하다.

주스단식은 세계인이 보편적으로 하는 클렌즈 프로그램이다. 새삼스레 유용성 여부를 따질 필요는 없다. 클렌즈 주스는 아마존에서도 판매한다. 그러므로 나는 클렌즈 주스 프로그램을 바탕으로 발효음료를 접목한 클렌즈 프로그램을 구성하여 활용하고 있다. 클렌즈 주스 업체 중 식초를 섞은 주스를 판매하고 있는 것을 보았다. 해독을 위해 발효음료의 필요성을 느끼고 있다는 증거이다. 세계인이 공통적으로 많이 하는 프로그램이라면 앞에서 열거한 조건을 두루 갖춘 프로그램이다. 여기에다 발효음료를 추가하면 유익미생물(모든 생명체는 효소를 가지고 있다. 그러므로 미생물이 곧 효소이다.), 즉 효소를 가장 적극적으로 섭취할 수 있는 방법이라고 생각한다.

그럼 이제부터 클렌즈 주스와 발효음료를 접목한 프로그램으로 클렌즈를 해보기로 하자.

먼저, 3일 프로그램을 권장한다. 250㎖ 용량으로 하루 6병씩, 3일간 총 18병의 클렌즈 음료를 마시며 단식한다. 물 이외에 일체 다른 음료나 음식을 먹지 않아야 효과가 크다. 허기로 크게 힘들지 않아서 전통적인 단식에 비하면 훨씬 수월하고 일상생활이 가능하다. 심지어 사우나에서 땀을 쭉쭉 빼도 된다. 두려움을 가질 필요가 없다. 그러나 음식을 절제해야 하므로 인내와 의지가 필요하다. 3일간 음식 절제 앞에 꼭 성공하겠다는 마음을 갖도록 한다. 결심을 했으니 이제 당신이 성공할 수밖에 없음을 자신 있게 선언해 보자.

첫째 날은 마음을 먹었기에 생각보다 빨리 지나간다. 밤이 되면 허기를 느낄 수도 있다. 약간의 인내심이 필요하다.

둘째 날은 기분이 가라앉고 짜증이 난다. 두통이 생기기도 한다. 배는 생각보다 고프지 않은데 눈앞에서 치킨과 족발이 손짓을 한다. 공복의 허전함으로 육식의 기름이 평소보다 더 당긴다. 유혹이다. '참을 것인가, 먹을 것인가?' 선택의 길목에서 인내심이 한계를 드러낼지도 모른다. 이럴 땐 따뜻한 생강차나 허브차 한 잔 마시고 얼른 자는 것이 좋겠다.

둘째 날을 무사히 넘기면 3일째는 몸이 아주 가벼워진 것을 느낄 수 있다. 개운하여 오히려 생기가 돈다. 절제에 성공하였으니 몸무게는 약 2.5~3kg 정도 감량될 것이다. 굶어서 살이 빠졌다고 생각하지 말자. 살이 빠진 것이 아니라 장내의 때, 노폐물이 배출된 효과이다.

3일간 음료만 마시고 금식을 하였는데도 몸이 허하지 않고 피부가 촉촉하게 빛난다. 개운함으로 기분이 상쾌하다. 비우기도 했지만 비타민, 미네랄, 피토케미컬, 효소가 채워진 결과이다. 해독에다 보원의 효과까지 얻을 수 있는 프로그램, 이런 프로그램은 해볼 만하지 않겠는가?

잠깐, 여기서 끝이 아니다. 마지막 고비가 남았다. 3일간 클렌즈 하였으니 보식을 해야 한다. 아기처럼 맑아진 위장에 재빨리 기름과 밀가루를 부어 넣을 순 없다. 서서히 평상시 음식으로 돌아와야 한다. 굶었다고 생각하여 바로 김치찌개에 입맛을 다시거나 잔치국수를 후루룩 들이켜는 일이 없어야 한다. 실은 이때부터 더 절제가 필요하다. 보식 프로그램은 클렌즈 기간에 채우지 못했던 소량의 탄수화물과 불용성 섬유질을 보충하는 차원에서 구성하는 것이 좋다. 보식까지 성공하면 해독으로 바뀐 식습관을 유지하고 개선하는 데 큰 도움이 된다.

보식기간에는 탄수화물을 보충해주어야 한다. 대부분의 클렌즈 프로그램에서는 보식기간까지도 오로지 채식식단을 주장한다. 나는 탄수화물의 섭취를 권장하는 데, 『최강의 식사』 저자인 데이브 아스프리의 주장이 근거가 되었다.

"완전무결 다이어트에서는 몸이 요구하는 만큼 칼로리를 섭취하는 것을 대단히 중시한다. 칼로리는 신진대사와 뇌에 사용된다. 체내에 탄수화물이 부족하면 수면의 질도 떨어진다. 탄수화물을 오랫동안 먹지 않았을 때 가장 먼저 생기는 증상이 안구건조증이다."

나는 보식 기간에 하루 두 끼는 쌀누룩요거트나 귀리누룩요거트 스무디를 마시길 권장한다. 곡류가 들어간 발효유산균음료이다. 이 음료 한잔에는 미생물뿐 아니라 소량의 탄수화물이 포함되어 있다. 클렌즈 하는 3일간 제한했던 탄수화물을 보충할 수 있는 데다 과일과 채소를 넣고 스무디로 갈아서 마시면 주스에서 채울 수 없었던 불용성 섬유질(섬유질은 수용성과 불용성으로 구분된다. 우리가 알고 있는 섬유질은 과일과 채소의 껍질 성분인 불용성 섬유질)까지 충분히 채우게 된다. 아예 보식까지 클렌즈 기간에 포함시킨다면 비우는 동시에 채울 수 있는 최강의 클렌즈 프로그램이다. 해독과 보원에다 일상생활을 하면서 진행할 수 있어 일석삼조이다.

클렌즈 프로그램을 통해 독소를 배출해 본 분들은 그 개운함을 알며 식습관에도 변화가 생긴다. 식사량이 줄고 맑고 깨끗한 음식을 찾는다. 과식과 과욕으로 지쳤던 몸을 생각하면 자연스레 소박한 밥상에 관심이 간다. 몸을 해독한 일이 정신으로까지 이어진다. 어쩌면 이런 결과가 해독의 가장 긍정적인 효과가 아닐까? 몸이 맑으면 정신도 맑아진다.

"육체야말로 본래의 나이며, 정신은 그 부속물에 지나지 않는다."라고 한 니체의 말처럼 몸이 그 사람 자체이다. 육체가 정신을 지배한다고 볼 때, 한 발 더 앞서 음식이 육체를 지배한다는 생각이 선행되어야 한다. 음식은 우리의 몸을 치유하고 건강을 지켜줄 뿐만 아니라 마음을 평화롭게 하고 정신을 맑게 하며 삶의 참모습에 눈 뜨게 한다. 절제에 성공하면 육체는 비워지는 대신 가슴은 따뜻해지고 정신은 넉넉해진다.

산해진미를 앞에 두고 먹고 싶지 않은 사람이 어디 있을까? 나는 골목에서 풍기는 고기 굽는 냄새에도 침을 흘린다. 채식주의자가 되고 싶은 생각은 추호도 없다. 먹고 싶은 것은 먹을 것이다. 그러나 기름진 음식을 배불리 먹었을 때, 몸에 대한 죄의식으로 다음 날은 비우려고 노력할 것이다. 하루 종일 금식하거나 공복 유지로 오전만큼은 꼭 단식할 것이다. 오전 한 끼만 비워도 몸은 어느 정도 회복된다. 이러나저러나 간헐적 단식이다. 그러다 다시 몸이 무거워지고 확 비우고 싶을 때는 3일보다 더 강도를 높여서 5일 동안 주스와 발효음료로 해독할 것이다.

나는 평소에도 아침은 반드시 마시는 식사를 한다. 공복에 하는 1일 1즙 다이어트이다. 물론 쌀누룩요거트나 귀리누룩요거트로 만든 스무디이다. 살아있는 유산균과 효소를 섭취한다고 생각해서인지 마시고 나면 장이 튼튼해지는 믿음이 생긴다. 점심을 먹으면 거의 매번 화장실로 직행한다. 비우는 효과로 이를 대신할 만한 음료가 없다는 것은 나 혼자만 떠드는 주장이 아니다. 저온발효하여 쌀누룩의 효소를 살려낸 효과를 톡톡히 본다는 소문을 자주 듣는다. 저녁도 될 수 있으면 가볍게 먹거나 쌀누룩발효음료로 만든 스무디 한잔으로 해결하려고 노력한다. 1일 1식을 추구한다.

특히 50대 이후부터는 효소 보유량이 급격하게 줄어든다. 효소를 아끼고 보충해주는 식습관을 유지하도록 노력해야 한다. 비만과 만성질환을 갱년기의 상징으로 여긴다면 곤란하다. 효소가 고갈되면 생명의 불은 꺼진다. 건강의 문제는 효소와 직결되는 것이니 식생활의 기본은 효소에 초점을 맞춰야 한다. 효소를 아껴주고 보충해준다면 특별히 건강을 염려하지 않아도 될 것으로 믿는다. 효소를 섭취할 수 있는 최고의 방법이 쌀누룩발효음료라고 나는 망설임 없이 주장한다. 자신이 선호하는 해독 프로그램이나 방식이 있을 것이다. 그러나 어떤 프로그램이든 다음과 같은 조건을 갖추면 몸을 통해서 느낄 수 있는 놀라운 경험을 할 수 있을 것이다.

클렌즈 프로그램의 조건

3일 집중 클렌즈 프로그램			보식과 유지
비우기	채우기	소화기의 휴식	소식과 1일 1즙
일반 단식과 같은 효과, 일상생활이 가능해야 함	비타민, 미네랄, 섬유질, 수분, 피토케미컬, 효소 채우기	최소의 소화시간	효소를 아끼고 보충하는 식습관

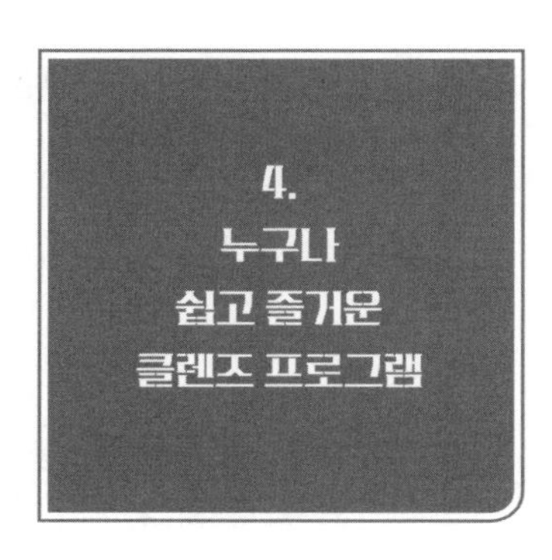

일상에서 쉽게 실천할 수 있는 클렌즈 프로그램을 소개한다. 3일, 5일, 일주일 이상, 자유롭게 선택하면 된다. 처음 하는 분들은 해독 효과를 얻을 수 있으며 과정이 번거롭거나 부담스럽지 않는 3일 프로그램이 좋다. 몇 번 실천해 보고 난 뒤에 클렌즈 기간을 연장할 것을 추천한다. 어렵게 생각하지 않으려면 이 책에서 소개하는 프로그램과 레시피를 기준으로 실천해도 무방하다.

분량과 하루 마셔야 할 횟수

250㎖ 용량을 기준으로 하루 6병은 마셔야 일상생활을 하는 데 무리가 없다. 칼로리 소모량을 고려해보면 어느 정도 타당성이 있다. 적어도 하루 칼로리 소모량 30%는 섭취해야 일상생활이 가능하기 때문이다. 칼로리 소모량은 나이와 신체 조건에 따라 다르지만 우리나라 여성의 하루 평균

칼로리 소모량을 1,900㎉로 볼 때, 250㎖ 주스 6병 속에 함유된 총 칼로리양이 하루 소모량의 약 30%(과채착즙주스 250㎖ 한 병의 칼로리는 보통 80~130㎉)에 해당한다. 250㎖ 주스 6병의 평균 칼로리의 합이 약 600㎉라고 하면 이는 활동으로 모두 소비하게 된다. 결과적으로는 100% 굶는 단식과 동일한 효과를 가져온다. 하루를 완벽하게 굶으면 보통 1kg이 감량된다. 주스 3일 프로그램을 진행해도 약 2.5kg에서 3kg 감량(고객의 경험사례)이 되는 것으로 보아 일상 활동을 하므로 주스 6병의 총 칼로리가 소모되는 것으로 해석된다. 클렌즈를 하는 동안 배가 심하게 고프면 간식으로 오이를 추천한다. 오이는 수분의 함량이 높아 노폐물 배출에 도움이 된다. 지방 분해효소인 리파아제 성분을 많이 함유하고 있는 것으로도 최근 알려졌다.

클렌즈를 하는 동안 물의 양은 얼마나?

사람이 하루 마셔야 할 물의 양을 보통 2ℓ라고 한다. 그렇다고 주스를 마시는 동안에도 꼬박꼬박 하루 2ℓ의 물을 마셔야 할까? 주스도 80% 이상이 물이다. 여기에다 억지로 2ℓ의 물까지 추가해서 마신다면 이 또한 과잉섭취이다. 과유불급은 수독水毒의 피해를 가져온다. 『조화로운 삶』의 저자, 헬렌 니어링과 스콧 니어링 부부는 과일만으로 일주일 식사를 대신하곤 했다. 이 기간에는 물을 한 방울도 마시지 않았다고 한다. 수분의 섭취량은 과일의 수분만으로도 충분하다는 것을 알 수 있다. 덧붙이자면 이 부부는 수시로 과일 클렌즈를 하였던 것이다. 물 섭취량에 관해서도 앞서 학자의 주장을 근거로 들었다.

클렌즈 일정과 과정

클렌즈를 하려면 무엇보다 마음가짐이 중요하다. 생각보다 배가 고프지 않으므로 단식으로 인한 두려움을 가질 필요가 없다. 또한 하던 일을 멈추고 마치 휴식 기간처럼 따로 일정을 정하지 않아도 된다. 생활형 프로그램이기 때문이다. 특히 생리기간이거나 몸이 아플 때일수록 필요하다. 생리도 배설이므로 이 기간에는 소화하기 어려운 일반 음식을 섭취하기보다 배설을 돕는 수화 식품을 섭취하는 것이 좋다. 정신적으로 부담을 갖는다면 생리 기간에 클렌즈 하는 것을 권하지 않는다. 클렌즈를 일상으로 받아들이면 언제든지 할 수 있다.

드디어 3일간 클렌즈 하는 아침이 밝았다. 일어나면 따뜻한 생강홍차나 허브차를 한잔 마시자. 오전은 배설의 시간이다. 이때야말로 배설을 돕는 음식을 간단하게 섭취하면 좋다. 주스나 쌀누룩요거트 음료 한잔이면 충분하다. 하루 6병의 주스를 적당한 시간 간격으로 마시자. 오전일수록 엽록소가 풍부하여 해독력이 뛰어난 푸른색 위주의 주스를 마시자. 조 크로스가 그의 저서 『리부팅 주스』에서 "일상적인 아침 식사인 페이스트리와 커피 대신, 손에 녹색주스를 들고 사무실로 향한다."라고 한 것을 보아도 아침엔 녹색주스가 배설과 해독에 훨씬 도움이 된다는 것을 알 수 있다.

적당한 시간 차를 두고 하루 6병의 주스를 마시다 보면 "아니 벌써 주스 마실 시간이야?"라며 얼른 냉장고 문을 열게 된다. 심하게 허기를 느끼지 않는다는 말이다. 시도하기까지 두렵게 느껴졌던 3일이 금방 지나고 나면 체중 감량과 함께 개운해진다. 몸의 시스템이 전반적으로 빠르게 회복됨을 느낄 수 있다. 몸은 가볍고 피부는 빛이 난다. 생기를 되찾고 하는 일에 자신감도 생긴다. 더 놀라운 일은 건전한 음식을 요구하는 쪽으로 입맛이 변한다는 점이다. 이후의 식습관이 맑고 깨끗한 식품을 갈망하는 쪽으로 변하는 것을 발견하고 놀라워한다. 클렌즈는 꾸준히 생활 속에서 실천하길 바란다.

하루 6병 클렌즈를 위한 음료 구성

- 채소는 시금치, 케일, 밀싹, 비트, 당근
- 과일은 사과, 파인애플, 오렌지, 자몽, 바나나
- 발효음료는 쌀누룩요거트, 귀리누룩요거트, 콤부차, 발효식초
- 물은 레몬차, 생강차, 홍차, 허브차 등
- 간식은 오이
- 음료 구성(아래)

프로그램 1

물	1번	2번	3번	4번	5번	6번
따뜻한 물 한잔	녹색주스	쌀누룩 요거트	녹색주스	자몽주스	비트주스	귀리 누룩요거트 스무디

프로그램 2

물	1번	2번	3번	4번	5번	6번
따뜻한 물 한잔	쌀누룩 요거트	녹색주스	자몽주스	녹색주스	비트주스	귀리 누룩요거트 스무디

참고) 클렌즈가 진행 중이라면 아침에는 쌀누룩요거트가 물에 타서 가볍게 마시기 좋다. 귀리누룩요거트는 입자가 거칠어 저녁에 과일과 함께 갈아서 스무디로 마시길 권장한다. 보식기간부터는 자신의 기호대로 선택하면 된다.

클랜즈는 이렇게

클렌즈 주스 단식	일정	과정
- 하루 6병 - 3일간 총 18병. 주스와 쌀누룩발효음료	- 주말 또는 연휴 - 자신이 원하는 일정(생리기간도 무방) - 주기는 심리적으로 한 달 이후가 좋다.	- 하루 6병을 순서대로 마신다. - 금식한다. - 따뜻한 물을 적당히 마신다. - 배가 고프면 오이를 먹는다.

유의 사항
- 단식의 두려움 버리기 - 장 청소에 대한 의지 - 보식은 반드시 해야 한다. - 주스로 수분을 섭취하므로 물은 하루 1ℓ 정도 권장한다. - 명현현상을 잘 관찰하고 편안하게 받아들이자. - 힘들다고 생각되면 1일 1즙으로 매일 아침 1잔씩 마시자.

보식은 이렇게

	아침(선택)	점심	저녁	유의
1일	쌀누룩요거트, 귀리누룩요거트 스무디	미음	과채 스무디	- 쌀누룩발효음료는 누룩이 사멸하지 않게 발효된 제품 - 과채스무디는 집에 있는 재료를 활용 - 샐러드의 소스는 발효식초와 천일염, 꿀 또는 아가베시럽(기호)
2일	쌀누룩요거트, 귀리누룩요거트 스무디	야채죽	과채 스무디, 샐러드	
3일	쌀누룩요거트, 귀리누룩요거트 스무디	무른 밥, 저염식	과채 스무디, 샐러드	

건강한 식생활은 이렇게

아침	점심	저녁	
쌀누룩발효음료 스무디 → 아토피에는 귀리 누룩요거트보다 쌀누룩요거트를 추천	소식과 채소 위주의 식단	- 과채스무디 - 샐러드류 - 야채 위주의 가벼운 식사	- 3가지 실천하기 1) 아침엔 마시자(1일 1즙) 쌀누룩발효음료 2) 점심으로 1일 1식을 실천(간헐적 단식, 공복단식) 3) 야식을 끊자! - 소화효소를 낭비하지 않는 식생활

5. 클렌즈에서 다이어트식까지, 쌀누룩발효음료의 가치

과일과 채소 착즙주스로 하는 클렌즈는 전 세계인이 공통으로 하는 프로그램이다. 여기에 발효음료를 추가하여 클렌즈를 하면 과일과 채소 착즙주스만으로 했을 때보다 몇 가지 더 큰 장점이 있다. 그 장점을 살펴보자.

첫째, 비타민, 미네랄 같은 필수 영양소와 함께 동시에 유익균(유산균)을 채울 수 있다는 점이다. 다이어트 의사로 잘 알려진 서재걸도 그의 저서 『서재걸의 해독주스』에서 해독주스와 함께 유산균을 따로 챙겨 먹을 것을 권하고 있다. 참고로 서재걸식의 해독주스는 몇 가지의 채소를 데쳐서 과일과 함께 갈아서 만드는 유형이다. 이 책에서 굳이 착즙주스와 비교하여 장단점을 설명하진 않겠다. 효소를 생각하면 나름대로 답을 얻으리라 생각한다.

둘째, 쌀누룩발효음료는 산도나 잔류 알코올 성분이 없어 공복에도 마셔도 위가 부담을 느끼지 않는다. 누룩의 당화작용으로 생성된 천연당의 깔끔한 단맛이 있어 맛도 좋으며 물에 타서 바로 마셔도 목 넘김이 부드럽다. 아기들도 좋아할 만큼 대중성 있는 맛이다.

셋째, 과일, 채소와 함께 갈아서 만든 스무디를 클렌즈 프로그램으로 구성하면 착즙주스의 단점으로 지적되는 불용성不溶性 섬유질도 섭취할 수 있다. 간혹 "착즙주스는 영양소를 다 빼버리는데 왜 마셔?"라며 착즙주스의 불용성不用性을 제기하는 이들이 있다. 심지어 착즙주스는 효과가 없다고까지 주장하는 의사들도 있다. 이런 주장대로라면 전 세계인들은 무슨 이유로 영양소도, 효과도 없는 주스를 마시며 클렌즈를 한다는 말인가? 물론 섬유질 측면에서만 바라보면 충분히 지적될 만한 요소이긴 하다.

섬유질은 불용성과 수용성 두 가지로 나뉜다. 우리가 흔히 알고 있는 섬유질은 과일과 채소의 줄기나 껍질 성분인 불용성 섬유질이다. 착즙을 하면 불용성 섬유질이 모두 제거되는 점은 클렌즈 주스의 단점으로 받아들여질 수 있다. 그러나 불용성 섬유질이 제거되면 오히려 다른 영양소의 흡수율을 높일 수 있다. 반대로 생각하면 장점이다. 억센 섬유질이 제거되었기에 상대적으로 다른 영양성분의 체내 흡수율을 높인다는 점은 간과하고 있다. 그리고 수용성 섬유질은 주스 한잔에 그대로 남아 있다.

물론 불용성不溶性 섬유질이 지니는 장점도 크기 때문에 부족하면 보충해야 한다. 인간에게는 셀룰라아제라는 섬유질 소화 효소가 없기 때문에 불용성 섬유질은 아예 체내에서 소화흡수 되지 않는다. 몸 밖으로 배출되는 과정에서 대장의 노폐물을 끌고 나오므로 배변에 도움이 된다. 이런 점을 감안해서 하루 6병의 클렌즈 프로그램에 쌀누룩발효음료로 만든 스무디를 포함하면 불용성 섬유질도 섭취할 수 있다.

넷째, 스무디의 가장 큰 장점은 포만감이다. 여기다 곡류까지 들어갔으니 허기를 적게 느낄 것이다. 6병 구성에서 마지막 순서로 쌀누룩발효음료 스무디 한잔을 마시고 편안한 기분으로 하루의 클렌즈가 성공적이었음을 축하해 보자. 소량의 곡류 성분을 섭취하므로 허기를 채울 수 있어 다이어트식으로도 좋다.

귀리누룩요거트의 가치

'귀리가 좋은가? 찹쌀이 좋은가?' '현미가 좋은가? 보리가 좋은가?'

여러 차례의 특강에서도 그랬듯이 찹쌀과 귀리로 만든 두 제품의 맛을 보여주면 만장일치로 귀리누룩요거트에 손을 든다. "어머 이런 맛이었어요?" "너무 맛있어요. 고소해요." 하며 놀라는 반응을 보인다. 귀리누룩요거트의 고소한 맛을 잊지 못해서 아예 배우러 오는 분도 있다. 그러나 맛보다 배변에 도움이 되었다는 후기를 들었을 때 더 기쁘다.

나는 귀리의 칼슘, 베타카로틴, 폴리페놀 같은 영양소 성분에도 주목하였지만 특히 섬유질에 가치를 두었기에 이를 쌀누룩으로 발효시키고자 연구를 거듭하였다. 그 결과 귀리에 알맞은 발효법을 찾아서 제품을 개발하고 기술 지도를 통해 전국적으로 보급 확산시키고 있다. 2019년 10월, 서울 카페 쇼에서 귀리발효음료를 판매하는 업체를 보았다. 시음해 보니 귀리 분말을 탄 미음 같아서 발효제품인가라고 물으니 그렇다고 했다. 그리고 "어떻게 발효하나요?"라며 아주 신기한 표정으로 물었더니 "그건 우리도 몰라요. 독일에서 수입하는데 극비입니다. 독일에서도 문을 딱 걸어 채우고 발효해요."라며 제품에 강한 자부심을 보였다. 최근 어느 대기업에서도 귀리요거트(요거트 위에 귀리 밥알이 얹혀있다.)를 출시한 것으로 보아 일찍부터 귀리에 눈독을 들였던 나의 판단은 틀리지 않았다고 본다.

귀리는 섬유질이 풍부하여 변비를 개선하고 다이어트에 도움이 된다. 특히 섬유질은 유익균의 먹이이다. 그 때문에 귀리로 발효를 하면 유익균의 먹이도 함께 보충할 수 있다. 이런 점에서 나는 귀리에 매력을 느꼈던 것이다. 예상했던 대로 먹어본 분들의 좋은 반응을 듣는다. 효능에다 맛도 좋으니 귀리 대신 다른 곡물을 대체할 필요성을 느끼지 못한다. 다만 찹쌀은 성분이 부드럽고 하얀색이라서 부차적인 발효식품을 만들기 위한 베이스로 활용하기 좋다.

귀리는 변비 해소에 좋은 불용성 섬유질 이외도 수용성 섬유질이 풍부하여 콜레스테롤을 감소시키고 심혈관 질환을 예방하는 역할을 한다. 폴리페놀 같은 항산화 성분도 풍부해서 성인병 예방에도 도움이 된다. 또 현미의 4배가 넘는 칼슘을 함유하고 있어 어린이의 성장발육에 도움을 주며 성인의 골다공증 예방에도 도움이 된다. 따라서 쌀누룩으로 발효하는 재료는 부드러운 맛을 내는 찹쌀이 아니라면 귀리가 좋다.

그러나 현미, 보리, 귀리와 같은 곡물에는 단백질과 지방성분도 많다는 점은 생각해 볼 문제이다. 현대인에게 가장 문제시되는 영양소는 다름 아닌 단백질, 지방, 탄수화물이다. 우리가 먹는 음식 대부분은 이들 3대 영양소가 지나치게 많다. 과잉섭취로 인하여 분해되지 않은 3대 영양소들이 체내 곳곳에 쌓여서 독소의 원인이 된다. 현미도 시대에 따라 다르게 보아야 한다는 점을 말하고 싶다. 과잉섭취한 단백질, 지방, 탄수화물이 분해배출의 대상이라는 이유에서이다. 효소의 역할을 기대하며 쌀누룩발효식품을 먹는 마당에 다시 분해 대상인 재료를 더해서 섭취할 필요는 없다. 물론 이는 나의 견해일 수도 있다. 나는 쌀누룩을 효소로 바라보며 무엇보다 독소배출의 기능을 기대하기 때문에 이런 주장을 하는 것이다. 어떠한 재료를 선택하든 핵심은 쌀누룩이며 쌀누룩은 효소라는 점이다. 참고로 귀리는 단백질이 쌀의 2배라고 한다. 따라서 단백질에 민감한 아토피에는 찹쌀로 만든 쌀누룩요거트가 더 좋다. 아토피와 무관하다면 귀리누룩요거트를 추천하고 싶다. 단백질을 염려한다면 쌀누룩요거트를 선택하는 것이 바람직하다.

귀리의 섬유질와 쌀누룩의 효소가 만나면 해독 효과가 탁월할 것으로 생각했지만 막상 귀리로 발효를 하려니 강한 섬유질 성분 때문에 문제가 많았다. 귀리의 까다로운 성질을 잡고 식감을 부드럽게 하려니 골치가 아팠다. 1년은 족히 온도계와 밥통을 붙들고 살았다. 귀리는 확실히 찹쌀에 비하여 실패율이 높고 신맛이 강해서 많은 어려움을 겪었다. 많은 실패 끝에 귀리와 쌀누룩의 발효 접점을 찾을 수 있었다. 귀리를 쌀누룩으로 발효를 했으니 독일의 제품과도 다르다. 세상에 유일한 제품이 아닐까? 생각한다. 찹쌀보다 배변에 많은 도움을 주며 맛에서도 더 좋은 반응을 얻고 있다. 쌀누룩의 꽃을 활짝 피우고 저온발효로 공을 들인 덕분에 미생물이 살아있어 그런 결과가 나올 수 있지 않았나 생각한다. 더불어 귀리의 섬유질까지 한몫을 했다. 이런 연유에서 나는 클렌즈 프로그램에 귀리누룩요거트 스무디를 포함시켰다.

6.
쌀누룩발효음료가 포함된 3-Days 집중 클렌즈

마시는 3-Days 클렌즈 프로그램은 일상생활을 하면서 진행할 수 있어 처음 하는 분에게도 부담이 없다. 또한 채소와 과일, 발효음료를 통해서 유산균과 필수 영양소를 고르게 섭취할 수 있다는 장점까지 있다. 비우기도 채우기도 동시에 할 수 있는 유용한 프로그램이다. 단식에 준하지만 마음먹기에 따라 3일은 짧은 시간이다. 한번 경험한 분들은 그 개운함을 잘 알기 때문에 지속적으로 클렌즈를 하며 기간을 늘리고 싶어 한다. 클렌즈를 한다고 만성질환이 치유되는 것은 아니지만 점점 쌓여가는 독소를 배출함으로써 체중이 감량되고 몸이 맑아지는 느낌을 뚜렷하게 느낄 수 있기 때문이다. 이 프로그램이 아래와 같은 요건을 갖추면 더 유용할 것으로 본다.

· 용량은 1회당 250㎖가 적당하다. 호주나 유럽인들은 500~600㎖를 마신다. (조 크로스 『리부팅주스』)

· 아침엔 사과와 당근이 들어간 주스가 좋다. "스위스, 영국의 암 치유 센터에서는 환자들에게 아침엔 꼭 사과 당근 주스를 마시게 한다." "주스에는 사과와 당근이 들어가야 한다." (사이토 마사시 『체온 1도가 내 몸을 살린다』)

· 레몬은 수용성 섬유질이 많아 콜레스테롤 분해 작용이 뛰어나므로 클렌즈주스 레시피에 포함시키자. 레몬 디톡스라는 프로그램이 유행한 때가 있었다. 해독으로 마시는 물에 주로 레몬이 들어가는 이유이다.

· 엽록소가 많을수록 해독력이 뛰어나다. 엽록소는 마그네슘과 철분이 많아 혈액을 정화시켜 주지만 조혈작용도 한다. 클렌즈 집중 프로그램이므로 하루 6병의 주스 중 녹색의 비중을 높이도록 한다. "한 손에 녹색주스를 들고 출근하자." (조 크로스 『리부팅주스』)

· 쌀누룩발효음료는 1회당 100~150㎖를 기준으로 하루 2회 마실 것을 권장한다. 스무디로 마시거나 물에 타서 마셔도 좋다.

· 오이는 수분의 함량이 높고 지방분해 효소가 있어 클렌즈 도중 배고플 때 간식용으로 추천한다.

3일 프로그램 구성

1일째	
기상	레몬, 생강, 허브가 들어간 따뜻한 물 1컵
7시	녹색주스(케일, 사과, 당근)
10시	쌀누룩요거트(물에 타서 마시기) - 숭늉처럼 마시고 쌀알도 모두 먹기
오전 간식	오이 1개
1시	녹색주스(시금치, 파인애플, 오렌지)
3시	자몽주스(자몽, 오렌지, 레몬)
5시	비트주스(비트, 사과, 당근)
오후 간식	오이 1개, 콤부차 연하게 탄 물 1컵
8시	귀리누룩요거트 스무디(다음 장의 레시피 참고)
잠들기 전	따뜻한 허브차

2일째	
기상	레몬, 생강, 허브가 들어간 따뜻한 물 1컵
7시	녹색주스(셀러리, 시금치, 사과, 당근)
10시	쌀누룩요거트(물에 타서 마시기) - 숭늉처럼 마시고 쌀알도 모두 먹기
오전 간식	오이 1개
1시	당근주스((당근, 사과, 오렌지)
3시	자몽주스(자몽, 토마토, 오렌지)
5시	비트주스(비트, 배, 오렌지)
오후 간식	오이 1개, 쌀누룩요거트 연하게 탄 물 1컵
8시	귀리누룩요거트 스무디(다음 장의 레시피 참고)
잠들기 전	따뜻한 허브차

3일째	
기상	레몬, 생강, 허브가 들어간 따뜻한 물 1컵
7시	쌀누룩요거트(물에 타서 마시기) - 숭늉처럼 마시고 쌀알도 모두 먹기
10시	녹색주스(밀싹, 사과, 당근) - 밀싹에 도전해 보기
오전 간식	오이 1개
1시	녹색주스(케일, 시금치, 파인애플, 오렌지)
3시	자몽주스(자몽, 배, 레몬)
5시	비트주스(비트, 셀러리, 오렌지)
오후 간식	오이 1개, 파인애플 막걸리식초를 연하게 탄 물 1컵
8시	귀리누룩요거트 스무디(다음 장의 레시피 참고)
잠들기 전	따뜻한 허브차

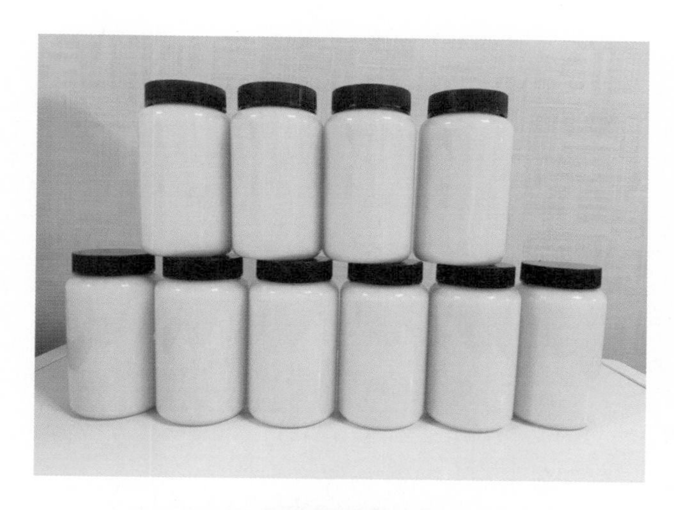

Wheatgrass
Facts.
-Helps to improve overall
health-
-Balances PH levels in body-
-Contain 8 essential Amino
acids-
-Gluten + Lactose free-
-High in antioxidants, Chlorophyll
+ fibre-
-Has bone nourishing Calcium-
-Anti-aging antioxidants-
-Rich in IRON-
-A complete Source of Protein-
-Two ounces of Juiced Wheatgrass
has the nutritional equvalent of 5lb
of the best Raw organic Vegatables
-A Powerful detoxifier, especially
of the liver + blood-

책을 쓰는 일이 쉽지 않다는 걸 이 책을 쓰며 절실히 느꼈다. 2019년 봄부터 원고를 쓰기 시작하였으니 해를 넘긴 셈이다. 참으로 지루한 시간이었다. 한 줄 한 줄의 문장이 마치 바이러스에 감염된 듯해서 다듬고 또 다듬기를 거듭하였다. 글로써 내 장의 속을 들여다보듯이 했다. 주부로서 역할도 보류하고 오로지 집필에 전념하였다. 나로서는 어떤 의무감이 있었는지 모르겠다. 디톡스에서 시작하여 발효와 쌀누룩에 이르기까지 꼭꼭 묻어두었던 이야기를 드러내고 싶었던 것은 다름 아닌 나 자신과 소중한 사람들의 건강에 대한 염려 때문이다. 그동안 내가 쌓아온 해독과 발효 관련 지식과 정보를 오류 없이 전달하고 조금이라도 건강에 도움이 되었으면 하는 마음이 간절했던 것 같다.

지나온 삶의 여정이 참 재미있고 신기하다. 나는 사회교사로 28년 6개월을 살았다. 내가 학교를 그만두게 되었고 창업하여 현재에 이르기까지의 구구절절한 사연은 나의 첫 책 『퇴직하길 잘했어』에서 모두 뱉어내었다. 그랬던 것이 엊그제 같은데 나는 어느덧 건강과 발효에 대한 이야기를 하고 있으니….

지금 나는 퇴직자로서 무척 행복함을 느끼며 살고 있다. 중학생들에게 사회와 역사를 가르치던 사람이 장 건강, 해독, 발효음료, 쌀누룩 등을 강의하며 기술을 전수하고 있다. 더구나 아토피를 비롯하여 만성질환으로 고생하는 분들께서 의사도 아닌 나를 붙잡고 선생님이라고 깍듯이 불러주고 있지 않은가? 돌아보건대 내가 여기까지 올 수 있었던 것은 한 청년의 땀과 희생이 있었기에 가능한 일이다.

나는 아무 대책 없이 퇴직한 사람이다. 평생 다니던 직장을 나와서 할 일이 없어 우울한 시기를 보내고 있었다. 아직은 50대 초반인데 할 일이 없어 막막해하던 나에게 청년은 디톡스 프로그램과 주스 레시피를 넘겨주었다. 다니던 학교를 몰래 휴학하고 집에서 쫓겨나 과일 전문점에서 아르바이트하며 만든 과일과 채소 이야기 한 묶음이다. 이 소중한 레시피를 들고 창업할 용기를 얻었으니, 청년의 땀과 희생이 아니고선 창업하여 내가 어떻게 여기까지 올 수 있었을까?

그 청년은 지치고 힘들 때마다 곁에서 힘이 되어 주었다. 치열한 자영업의 생존 경쟁에서 밀려나지 않게 참신한 아이디어로 이끌어 준 것도 그 청년이었다. 주스에서부터 쌀누룩의 티끌 같은 문제를 찾아 해결해 오기까지 가이드 역할을 하며 진심 어린 충고와 응원을 해준 이는 바로 아들 김용현이다. 아들이기에 한 번도 제대로 고맙다는 표현을 못 했는데 이 기회에 엄마의 진심을 전하고 싶다. 그리고 나의 강의를 수강하신 모든 분들, 블로그와 인스타에서 응원해 주신 이웃 분들께도 감사드린다. 마지막으로 부족한 원고를 선뜻 받아주신 도서출판 밥북에 깊이 감사드린다.

2020년 2월 28일
나의 조그만 공방에서
서경련

부록

아침에 마시는 건강 한병,
쌀(귀리)누룩요거트 스무디 레시피

우리의 식생활이 독소 습격의 원인이 되어 비만, 암, 순환기질환, 당뇨와 같은 만성퇴행성질환이 건강을 위협하고 있다. 바이러스에 의한 공포도 날이 갈수록 커지고 있다. 이럴 때일수록 장 건강과 면역력의 중요성이 강조된다. 평소 효소와 유산균을 제대로 섭취할 수 있는 식생활을 통하여 면역력을 키워두는 일이 질병과 바이러스의 공포로부터 몸을 지키는 최선의 방책이다. 채소와 과일, 발효식품을 꾸준히 섭취하는 식습관이 무엇보다 중요하다.

오전 4시에서 낮 12시 사이는 대사와 배설의 시간이다. 그래서 아침엔 소화에 부담 없는 마시는 1즙을 추천한다. 가정에서 믹서기로 과일과 채소를 발효음료로 갈아서 스무디로 마시면 효소와 유산균을 듬뿍 섭취할 수 있다. 발효유산균음료 스무디로 장을 깨끗이 하고 면역력을 높여 독소와 바이러스로부터 건강을 지키기 바란다. 쌀누룩요거트 스무디에는 곡류 성분까지 포함되어 한 끼 식사로도 든든하다.

누구나 쉽게 만들어 즐기는 다양한 쌀누룩요거트 레시피와 음용법을 소개한다.

모든 스무디에서 쌀누룩요거트 대신 기호에 따라 귀리누룩요거트로 대체 가능하다.

오렌지망고
쌀누룩요거트 스무디

오렌지는 비타민 C가 풍부하고 산미를 만드는 시네프린 성분을 함유하여 신진대사를 올리거나 식욕을 억제하는 등 다이어트에도 효과적이다. 망고와 어우러져 달콤하고 부드러운 식감으로 남녀노소 누구나 좋아할 맛이다. 유리잔에 담으면 색이 고와 아침 기분까지 근사해진다. 아침엔 비타민 C와 유산균을 마시자!

재료

오렌지 60g
망고 55g
바나나 60g
쌀(귀리)누룩요거트 100㎖
물 50㎖

블루베리 쌀누룩요거트 스무디

블루베리는 항산화 성분이 풍부하여 대표적인 항암 푸드이다. 특히 안토시아닌이 풍부하여 눈 건강에도 좋은 슈퍼푸드이니 블루베리 쌀누룩요거트 스무디 한잔으로 맑은 하루를 시작해 보자.

재료

블루베리 20알
쌀(귀리)누룩요거트 80㎖
물 30㎖
꿀 2t
레몬 2~3조각
얼음 5~6개

키위바나나 쌀누룩요거트 스무디

키위는 단백질 분해효소인 아티니딘을 많이 함유하고 있어 노폐물 분해력이 뛰어나다. 열량도 낮아 다이어트에도 좋다. 식이섬유가 풍부한 바나나와 유산균이 살아 있는 쌀누룩요거트와 함께 갈아서 마시면 변비 해소에 놀라운 효과를 볼 수 있다.

재료

키위 2개
바나나 1개
쌀(귀리)누룩요거트 100㎖
얼음 4개

바나나견과 쌀누룩요거트 스무디

견과류는 단백질, 비타민, 무기질, 불포화지방산 등이 풍부해 영양소 종합선물세트에 비유된다. 칼륨과 식이섬유질가 풍부한 바나나와 함께 쌀누룩요거트로 갈아 스무디로 마시면 포만감이 커서 다이어트식으로 든든하다. 두뇌 회전이 필요한 학생들의 아침 식사 대용식으로도 좋다. 맛이 고소하여 어린이들이 좋아한다.

재료

바나나 200g
쌀(귀리)누룩요거트 100㎖
호두 3알
아몬드 9알
얼음 1스쿱

망고귤
쌀누룩요거트 스무디

망고와 귤은 비타민 C가 풍부하며 맛과 색감이 비슷하여 잘 어울리는 조합이다. 비타민 C는 신진대사를 촉진하고 면역력을 강화한다. 특히 귤은 시트러스류 과일 중에서도 베타크립토잔틴이 가장 풍부하여 항암효과가 크다고 한다. 아침에 망고귤 쌀누룩요거트 스무디 한잔으로 건강을 챙기자.

재료

망고 150g
귤 100g
쌀(귀리)누룩요거트 150㎖
얼음 1스쿱

귤견과 쌀누룩요거트 스무디

귤에 견과류가 들어가면 의외로 맛있는 스무디가 만들어진다. 바나나와 쌀누룩요거트가 맛의 보조를 잘 맞추기 때문이다. 상큼하며 고소한 맛으로 기분 좋은 아침을 맞자.

재료

바나나 60g
감귤 1개 또는 오렌지 60g
쌀(귀리)누룩요거트 100㎖
호두 3알
아몬드 9알
얼음 5개

오렌지 쌀누룩요거트 스무디

신선한 오렌지를 짜서 아침에 마시면 몸속의 독소를 쏙 빼준다고 하는 이야기가 있다. 오렌지 착즙주스가 들어간 강한 비타민 C의 효과로 활기찬 하루를 시작해 보자. 쌀누룩요거트에 착즙주스를 타면 과일의 진한 맛을 느낄 수 있다.

재료

오렌지 1개
오렌지착즙주스 1/2컵
쌀(귀리)누룩요거트 100㎖
탄산수 1/2컵

고구마사과 쌀누룩요거트 스무디

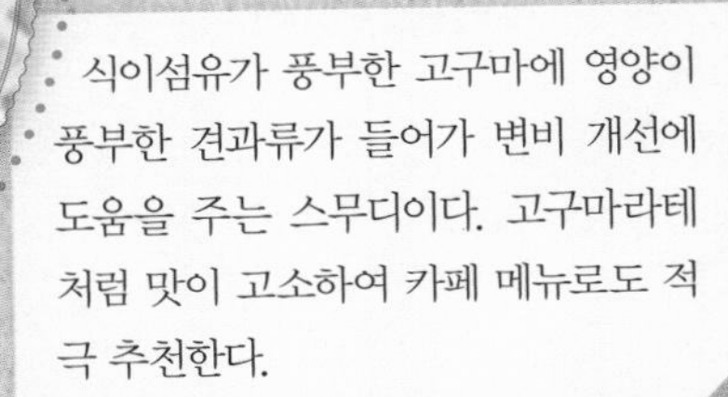

식이섬유가 풍부한 고구마에 영양이 풍부한 견과류가 들어가 변비 개선에 도움을 주는 스무디이다. 고구마라테처럼 맛이 고소하여 카페 메뉴로도 적극 추천한다.

재료

고구마 삶은 것 200g
사과 100g
사과주스 100g
쌀(귀리)누룩요거트 150㎖
생수 100㎖
호두 3알
아몬드 6알
캐슈넛 15g

연근
쌀누룩요거트 스무디

연근은 약재로도 사용되는 식자재이다. 연근을 자르면 실처럼 끈끈하게 엉겨 있는 것이 있는데 뮤신이라는 점액물질이다. 뮤신이 강장 또는 강정 작용을 하므로 연근은 장 건강에 좋다. 과일에 비해 단맛이 부족하므로 소량의 꿀을 첨가하면 먹기에도 좋다. 장 건강을 위해서 연근 쌀누룩요거트 스무디를 마시자.

재료

연근 70g
쌀(귀리)누룩요거트 100㎖
물 50g
꿀 1T
얼음 5개

비트 쌀누룩요거트 스무디

해독용으로 녹색 채소 못지않게 손꼽히는 것이 비트이다. 비트는 항산화물질인 안토시아닌과 비타민, 철분, 엽산 등이 풍부하여 노화 방지뿐만 아니라 피를 맑게 해 주어 빠른 해독 효과를 볼 수 있다. 쌀누룩 발효음료의 유산균과 빨간색 채소를 챙겨 먹어보자. 몸의 활기를 되찾게 해 줄 것이다. 쌀누룩요거트는 비트의 빨간색과도 잘 어울린다.

재료

비트 50g
사과 180g
쌀(귀리)누룩요거트 100㎖
꿀 1t
물 100㎖

두부견과 쌀누룩요거트 스무디

서랍 속에 꼭꼭 숨겨두고 싶은 레시피이다. 식물성 단백질인 두부에 발효유산균음료와 견과류가 더해져서 부드럽고 고소한 맛을 자랑한다. 스무디가 아니라 한 그릇의 죽이다. 속이 허하다고 느낄 때 한 그릇 뚝딱 하면 정말 링거 한 병 맞은 듯하다.

재료

연두부 100g
쌀(귀리)누룩요거트 150㎖
호두 3알
아몬드 6알
캐슈넛 15g

아보카도 쌀누룩요거트 스무디

아보카도는 비타민이 풍부하고 필수지방산 성분도 있어 피부 건강에 좋다. 쌀누룩요거트로 갈면 연둣빛 크림 같은 느낌을 준다. 아보카도는 잘 익은 것을 사용해야 부드럽고 맛이 좋다. 껍질의 색이 검고 손으로 만졌을 때 약간 물렁한 것을 사용하자. 색감 상 귀리보다 쌀누룩요거트가 어울린다.

재료

바나나 1개
아보카도 1/2개
쌀누룩요거트 150㎖
물 50㎖

그린유산균 스무디

케일에는 베타카로틴, 비타민 C, 비타민 K가 아주 많이 함유되어 있다. 칼슘과 망간, 식물성 단백질도 풍부하다. 케일이 들어간 한잔의 스무디로 초록야채가 주는 풍부한 영양가를 느낄 수 있다. 쌀누룩요거트에 식초 또는 콤부차도 들어간 유산균 집합 음료이다. 케일의 맛이 부드러워진다.

재료

케일과 적겨자잎 한 줌
바나나 1개
플레인요거트 2T
쌀(귀리)누룩요거트 80㎖
콤부차(과일식초) 30㎖
물 50㎖
꿀 2t

그린
쌀누룩요거트 스무디

강한 맛의 채소도 과일과 적절하게 사용하면 맛이 부드러워진다. 향이 강한 샐러리와 케일이 사과, 파인애플과 어우러져 새콤달콤한 맛으로 변한다. 쌀누룩요거트와도 잘 어울리는 건강 스무디이다. 클렌즈 후의 보식용으로 적극 추천한다. 그린 스무디는 채소의 맛에 적응할수록 채소 비율을 높여가는 것이 바람직하다.

재료

샐러리 10g
케일 50g
사과 80g
파인 50g
쌀(귀리)누룩요거트 80㎖
물 80㎖
꿀 2t

바나나그린 쌀누룩요거트 스무디

샐러리는 청포도와 잘 어울린다. 신선한 맛이 있어 아침에 마시면 전날의 숙취와 피로도 확 풀리는 느낌이다. 매일 아침 한잔의 발효유산균음료로 건강하고 활기찬 생활을 할 수 있다.

재료

바나나 70g
키위 100g
청포도 30g
샐러리 15g
쌀(귀리)누룩요거트 150ml
물 30ml

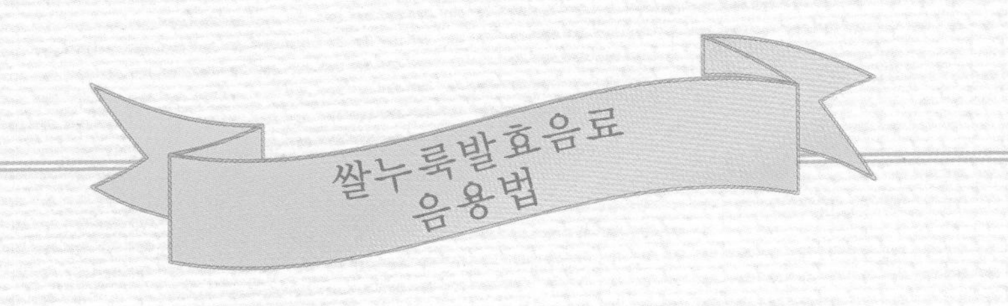

Q. 하루에 얼마나 마셔야 하나요?

A. 1회, 종이컵 반 컵(50㎖~100㎖) 분량이 좋으나 식초나 콤부차와 달리 그 이상도 괜찮아요.

Q. 언제 먹으면 좋아요?

A. 따뜻한 물을 한잔 마신 뒤라면 흡수율이 높은 공복이 좋습니다.

Q. 하루 몇 회 먹나요?

A. 2~3회가 좋으나, 양이 부족하므로 아침 공복에 드시길 권합니다.

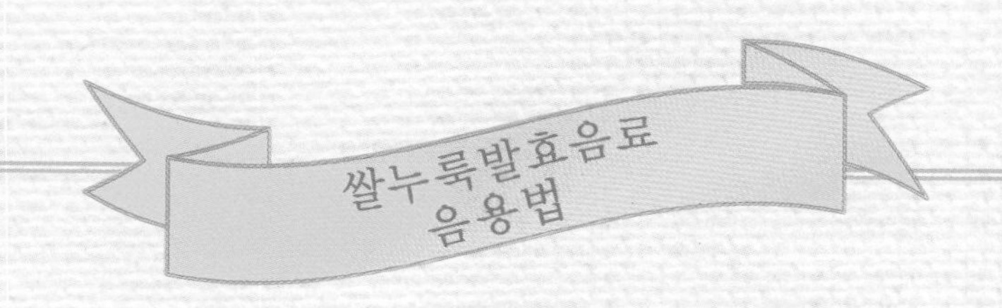

Q. 어떻게 먹나요?

A. ❶ 처음 드시면 플레인요거트에 비벼서 드시면 좋습니다. 단, 플레인요거트보다 쌀누룩요거트의 양이 많도록 버무리세요. 예로 플레인요거트 3T, 쌀누룩요거트 5T, 비슷해도 상관없어요.

❷ 물, 주스, 수제청 등에 타서 드셔도 좋습니다. 물에 연하게 타서 수시로 드셔도 좋아요.

❸ 채소와 과일, 소량의 물에 쌀누룩요거트를 넣고 갈아서 스무디로 드세요.

❹ 키위와 함께 먹으면 변비를 해소하는 데 크게 도움이 됩니다.

❺ 견과류, 바나나를 넣고 갈아드시면 고소하여 더 맛있습니다.

❻ 포만감이 커서 다이어트식으로 추천합니다.

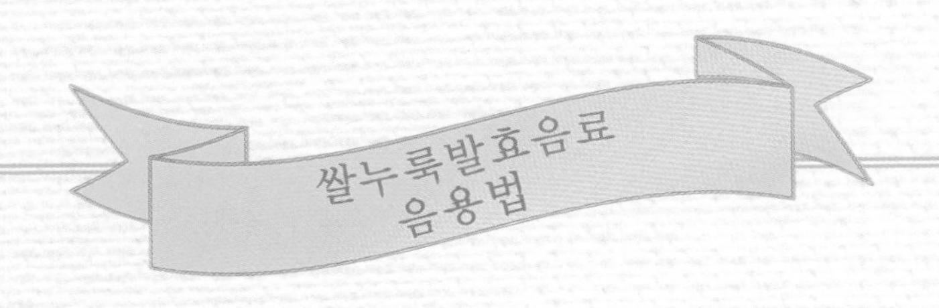

Q. 주의 사항

A. ❶ 살아있는 유산균은 금속성 재질에 약하므로 나무 스푼을 사용하세요.

❷ 45도 이상의 뜨거운 물은 피해 주세요. 유익한 미생물의 효소가 죽어버립니다.

❸ 스무디로 갈면 즉시 드셔야 합니다.

Q. 보관 방법

A. ❶ 냉장 또는 냉동 보관하고 해동 시에는 찬물 또는 미지근한 물에 녹여서 드세요.

❷ 냉장 보관은 1주일 이내가 좋습니다.

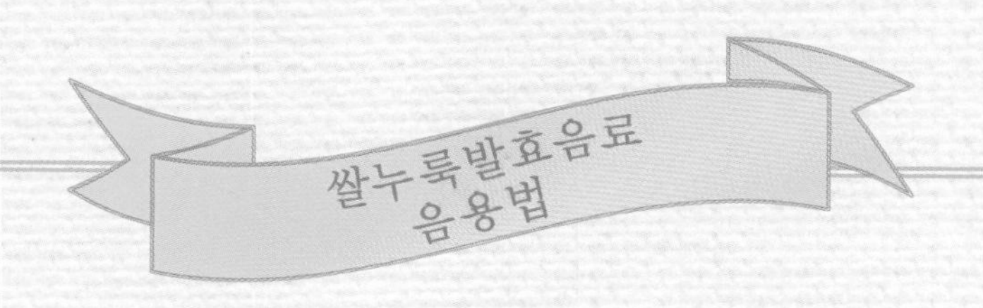

Q. 서경련 쌀누룩발효음료의 특징

A. ❶ 쌀누룩과 잡곡, 물 이외는 일체 다른 첨가물이 없습니다.

❷ 누룩의 당화작용에 의한 자체의 단맛입니다. 맛이 깔끔한 것이 특징입니다.

❸ 미생물의 작용으로 단맛과 신맛의 정도 차이가 있을 수 있습니다. 신맛은 젖산균의 작용에 의한 맛입니다. 젖산균은 장을 깨끗이 하며 잡균의 침범을 막아주는 역할을 합니다. 발효의 주인은 신맛입니다. 신맛에 대한 편견을 버립시다. 그러나 숙련된 발효의 기술로 신맛을 잡습니다.

❹ 쌀누룩 특유의 잡냄새를 없애고 쌀누룩으로 단맛을 조절하였습니다. 이는 오로지 쌀누룩제조의 기술로 보완합니다. 엿기름이나 설탕 같은 일체의 다른 재료를 첨가하지 않습니다.

❺ 저온발효의 기법으로 쌀누룩의 효소를 살립니다. 디톡스용 음료로 활용하는데 최적화되어 있습니다.

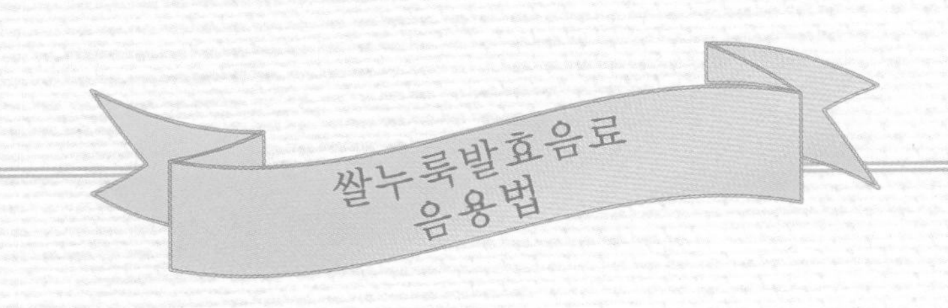

Q. 특이 사항

A. ❶ 꾸준히 드시면 장 청소 개념인 설사와 진한 소변으로 배설의 개운함을 느낄 수 있습니다. 또는 변을 모아서 한꺼번에 배출하는 경우도 있습니다.

❷ 변비, 아토피, 만성질환 치유에 효과를 보실 수 있습니다.

❸ 쌀누룩요거트를 드시고 어느 날부터 강한 두통, 어깨 팔다리 결림, 눈의 충혈, 발과 다리의 찬바람, 졸리거나 몸이 무거운 경우는 일시적 명현현상으로 보이나 개인적 의견입니다.

면역력 강화, 발효유산균음료를 마셔라!

펴낸날 2020년 6월 15일
2쇄 펴낸날 2022년 6월 9일

지은이 서경련
펴낸이 주계수 | **편집책임** 이슬기 | **꾸민이** 이슬기

펴낸곳 밥북 | **출판등록** 제 2014-000085 호
주소 서울시 마포구 양화로 59 화승리버스텔 303호
전화 02-6925-0370 | **팩스** 02-6925-0380
홈페이지 www.bobbook.co.kr | **이메일** bobbook@hanmail.net

© 서경련, 2020.
ISBN 979-11-5858-669-0 (03590)

※ 이 책은 저작권법에 따라 보호받는 저작물이므로 무단전재와 복제를 금합니다.